JN005395

女は
好きなことを
仕事にする

ファティマ モロッコ　大原真樹

大和書房

マラケシュから、北部の町シェフシャウエンに向かう道中にある露店。
距離にしたら700キロ以上のローカルな道には、その土地の特産品が
売られています。モロッコを旅していると、あちこちにこんな風景が。

モロッコの代表的な伝統工芸品の一つはゼリージュ。ゼリージュとは、細かくカットしたタイルを組み合わせて幾何学模様にした装飾のこと。モスクやリヤドなどの建築によく使われています。

リヤドとは、個人邸宅をリノベーションしたプチホテル。
建物の中心にパティオ（中庭）があり、それを囲むように部屋があります。オーナーのセンスによってインテリアが変わります。

Marrkesh

メディナとは旧市街のこと。最初は必ず迷子になってしまうほど、道は複雑。まさに迷宮都市。その昔、外部からの侵入を防ぐために、石の城壁で囲んだのです。今でも出入りは各所にある門から。マラケシュはピンクの城壁です。

マラケシュのメディナ（旧市街）の中にあるスパイススーク（市場）。
何百種類ものスパイスが量り売りされています。

Medina

メディナの中には、おしゃれなカフェがいくつかあります。お買い物に疲れたら、カフェで一休み。名物のミントティーやノスノス（カフェオレ）を。

メディナ（旧市街）の中の絨毯スーク（市場）。何十もの絨毯やさんが所狭しと軒を並べます。好みの絨毯が見つかったら、まずは値段交渉から。

スーク（市場）は、アイテムごとにお店が集まっています。
バブーシュスーク、ランプスーク、絨毯スーク、などなど。

Souk

モロッコ人は猫が大好き。猫天国です。ほとんどが野良猫ですが、エサをくれる人、お世話をする人に事欠かないので、モロッコの猫は幸せ太り。

メディナの中は車が通れません。移動は徒歩かバイクかロバ。

モロッコのランプは形も素材もいろいろ。
細かい細工や、カラフルな色は見て回るだけでも楽しい。

「ファティマ モロッコ」のマラケシュの工房では、手先の器用な女性たちが毎日検品や補正を行っています。モロッコの女性は働き者でたくましい。

Atelier

ブログで探したモロッコの現地スタッフ、ヌハさんとその子供たち。私は第二のお母さん。

モロッコでは、男女は分かれて仕事をします。それぞれの役割をそれぞれの部屋で。ファティマのバブーシュ工房は、腕の良い男子職人5名で毎日作業します。

モロッコで一番付き合いの長い、カゴ職人のアハメッド（通称・父ちゃん）。「ファティマ　モロッコ」のカゴ本体はすべてこの父ちゃんから。マラケシュに着いたら何はなくとも、一番に会いに行きます。困ったときはいつも助けてくれる、心温かい父ちゃんです。

Basket

カゴ屋の父ちゃんはマラケシュの伝統工芸館の館長でもあります。

父ちゃんのところで仕入れたカゴ本体に、刺繍などのデザインを入れていく作業は、
「ファティマ モロッコ」の女子工房で。一つ一つ丁寧に仕上げていきます。

マラケシュでの毎日は、オーダーしていたサンプルチェックから始まります。

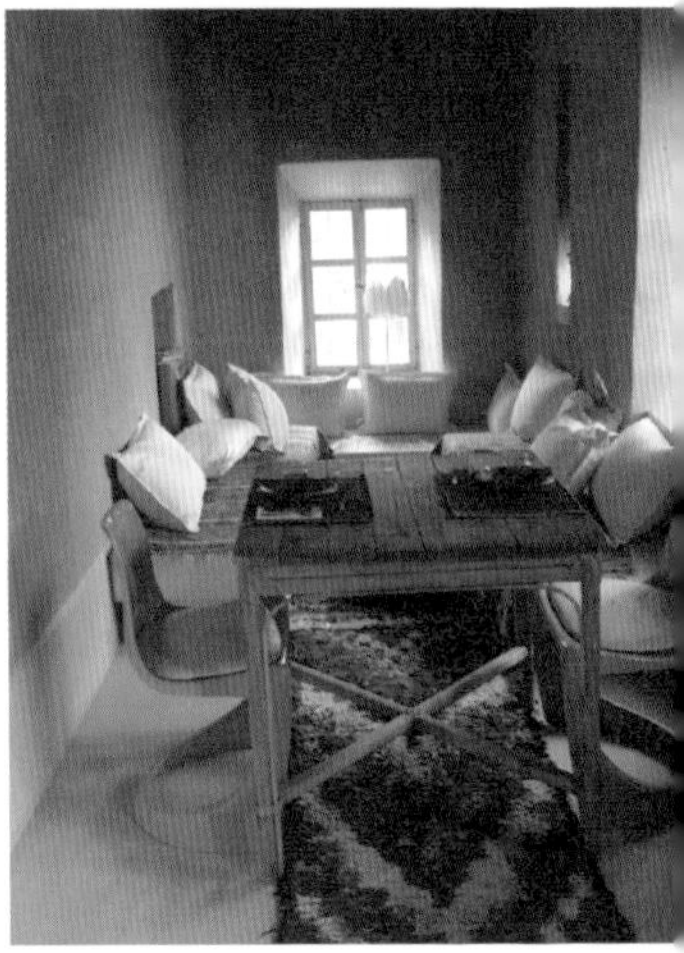

Architecture

モロッコのリヤドやホテル、カフェ、モスクには、モロッコらしい扉やアーチが。
モロッコ建築で代表的な、漆喰、ゼリージュ、大理石、寄木細工などが多くみられます。

DAR LAMAN

モロッコは町ごとに色があります。カサブランカは白、マラケシュはピンクというように。特にブルーの町は多く、フェズブルー、シェフシャウエンブルー、エッサウィラブルーなど。あとはマジョレル庭園で見られるサンローランブルー。

Morroco Blue

モロッコ南部、ワルザザードにある世界遺産「アイトベンハッドウ」。たくさんの有名な映画のロケ地にも。

ザゴラの移動スーク。週に2回市場がたちます。食料や生活必需品などすべて売っています。

モロッコ南西部、エッサウィラの町近郊にしか生息しないアルガンの木。ヤギが登って実を食べるほど、アルガンの実は栄養価が高い。今では世界的に有名になった、モロッコのコスメには欠かせないアルガンオイルはここでしか採れません。

Argan Tree

pottery

タムグルートの陶器。この地域の土でしか、
このグリーンの色は出せません。

フェズが産地の陶器。
フェズブルーの色と細かな
柄が特徴。

道端のカゴやさん。
季節の果物も一緒に。

アンティークのスパイスポット。30年くらい前のもの。冷蔵庫がなかった時代に、
スパイスや干した肉などを入れていた保存用バスケットです。

オアシスの町、スコーラのお気に入りのリヤド。
ここからサンセットを見るのが楽しみ。

Country Side

（上）旅の途中で遭遇したノマドファミリー。家畜のえさを求めて、家族で移動します。

（下）モロッコ南部のトドラ渓谷。スペクタクルな大自然が楽しめます。ロッククライミングでも有名。

毎年5月の2週間しか咲かないダマスクローズの産地、ケラアムグナ。
私はバラを求めて毎年出かけていきます。バラ農家のおばちゃんとも仲良し。

ラグの産地、シシャワ。赤やオレンジなどのカラフルな色が特徴。

パンを入れる
タジン鍋型のかご。

Desert

サハラ砂漠のふもとの町、メルズーガ。
ここの砂は黄金色。
風が吹くと砂丘の形は変わり、
太陽の動きに合わせて砂の色が変わる。
優しいけど、芯の力強さをもった、まるで女の砂漠。

ここから見るサンセットは圧巻。ここに来たら、スマホもカメラも忘れて、自分の耳と目で自然と空気を感じてほしい。

まえがき——突然スリッパを売り歩き「頭おかしくなったの？」

42歳。ひとりで始めた「好き」を売る

大原真樹。55歳。

モロッコ雑貨「ファティマ モロッコ」の代表をしています。

一念発起してこの小さな雑貨のブランドを立ち上げたのが42歳のとき。この本のカバーにもなっているバブーシュは、30万足を売り上げた看板商品です。

まさか、40歳をすぎて起業するなんて自分でも予想もしていませんでした。

当時、私はスタイリストをしていましたが、ファッション業界の多くの友人や後輩たちによく言われたのは、

「40をすぎて、思い切ったね」

「大丈夫？」

「やめときなよ」
「突然どうしたの？」
「だいたいなんでモロッコ？」
「突然モロッコのスリッパ売り始めて、頭がおかしくなったんじゃない？」

というものでした……(スリッパじゃなくバブーシュですけど)。

なぜモロッコなのか？

私がモロッコに魅了されたきっかけはというと、アパレルの販売員をしていた27歳のとき。その店はラグやランプ、絨毯《じゅうたん》など、お店のインテリアすべてがモロッコでした。その素敵さに心を奪われてからというもの、いつか絶対訪れたい国になりました。当時まだ20代で時間もお金もありませんでしたが、行きたい気持ちが日に日に募り、暇さえあれば地球儀を眺めたり、地図を何度も何度もひろげたものです。

そんな私がはじめてモロッコに足を踏み入れたのは36歳のとき。フリーのスタイリストとして忙しく働く中での休息の一コマでした。

モロッコに恋焦がれて9年。ようやくそのときがきたのです。初めてモロッコに降り立ったときの興奮しまくった気持ちは今でも鮮明に覚えています。

特にマラケシュ。今では私の仕事の拠点でもあります。マラケシュは独自の文化を持つ北アフリカの先住民、ベルベル人の言葉で「神の国」という意味を持ちます。

メディナと呼ばれる旧市街は、全長20キロにも及ぶ城壁に囲まれ、かつて北アフリカ最大のイスラム交易都市として栄え、世界遺産にも登録されています。その中には、細い路地が入り組んで、巨大な迷路のよう。旧市街の中の建物はすべてピンク色で、独特の美しい装飾の扉が並びます。

そしてスークと呼ばれる世界最大級の巨大市場には、数えきれないくらいの小さなお店がアイテムごとに分かれてひしめき合っています。鮮やかな色合いのバブーシュやカゴ、絨毯や食器、ランプなど、まるで、宝の洞窟のように奥へ奥へと誘います。

店の前では、店主が観光客を相手に「コニチハ」「ニーハオ」「アニョハセヨー」と、思いつく限りの世界のこんにちはを言いながら、呼び込もうと必死です。その強引さは半端ではありません。

スークの狭い道を、ロバの荷馬車とバイクが行き交い、物と人、色、言葉で溢れてかえっています。

スークの入り口にあるのが、ジャマ・エル・フナ広場。ユネスコの無形文化遺産に登録されていて、日が暮れると百以上の屋台が出て、タジンやクスクス、肉や魚をスパイスと共に焼く香りが漂い、煙が上るわ大道芸人は猿や蛇を操るわで、カオス感満載。

モロッコ人や世界中からのツーリストたちでごったがえし、深夜まで活気に溢れる独特な空気感はかなり濃厚。これほど好き嫌いがはっきりする街も少ないんじゃないでしょうか。ダメな人は受け付けないかもしれません。もちろん私はドハマりしたけど。

始めるのに遅すぎることは何ひとつない

私の心を鷲掴《わしづか》みにしたのは、このスークの中にこれでもかというくらいに溢れたカラフルな雑貨たちでした。バブーシュにカゴ、絨毯、ランプ、食器……。

アパレル会社のバイヤーとして、ヨーロッパと日本を行き来していたときから、モロッコの雑貨が気になっていたのですが、現地で見たその色鮮やかさは、私が想像していたものよりはるかに可愛かったのです。

「なんて、可愛らしいのだろう。なんて、美しいのだろう」

それが、今考えると人生でいちばんの「好き」に出会った瞬間でした。

それから、モロッコで小物やアクセサリーを買ってきては、スタイリングの衣装のポイントに使い始めました。洋服にも映えるし、タレントさんや女優さんの反応も上々。次第に「こんな小物が日本にもあればいいのに」と考えるようになりました。

でも当時、日本に入ってきているモロッコ雑貨は、バブーシュくらい。しかも、それほど質のよいものではありませんでした。だから、これは自分がやるしかないのでは？　と思い始めたのでした。

1年ほどスタイリストとモロッコ雑貨の仕事という二足のわらじを履きましたが、結局スタイリストを辞めて、今は、東の日出る国の日本と、西の日沈む国のモロッコを行ったり来たりしながら生きています。

そういうわけで、いきなり大転換をした私は、突然外国のスリッパに狂ったおかしなおばさんと思われてきました（だから、バブーシュですよ！）。

でも、あれから14年が経ち、日本中で私のバブーシュが販売されるようになった今では、

「40代でやっておいてよかったね」
「遅くなんかなかったね」

と言われることのほうが圧倒的に多くなりました。私も、今改めて振り返ってそう思います。40代は、まだ、20代や30代と変わらず機動力も体力もあり、それでいて、人生経験を積んでいるから多少の荒波も経験済み。頑張り方を知っている。

42歳だった私。あのとき踏み出して本当によかったと、あのときの自分を褒めてあげたいです。

過酷だけど辞められなかった「好き」なこと

好きなことをして生きていく。

この一言ですね。ものすごくシンプルですが、人生を楽しくする簡単な方法。なぜ簡単か？　だって、好きなことをやってるから楽しい。好きなことだから、いくらでもできる。頑張れる。我慢もできる。

好きなことで稼げるのか？

好きなことを仕事にすると嫌いになるのでは？

好きなことで生きていけるほど人生は簡単じゃない。


真面目な人ほど、こういう言葉にがんじがらめになっているような気がします。

でも、今日から変わればいい、明日から好きなことすればいい。「やっぱり、こっちにしまーす」って、さっさと方向転換する。無責任だって思われても気にしません。

だって、自分の人生なんですからね。

ファティマ モロッコは、モロッコ雑貨を扱うブランドです。モロッコ雑貨をただ輸入するだけではなく、カゴとバブーシュは商品企画から行い、マラケシュの自社工房で現地のスタッフたちの手により生産を行っています。
それらを日本に送り、日本のセレクトショップやインテリアショップにて扱ってもらっています。１年に５〜６回はモロッコに行き、新しい商品開発や仕入れ、デザイン発注、サンプルチェックをしています。さらに、いい職人がいると聞けば会いに行き、掘り出し物、レアなアイテムを探すために年中山や海や砂漠に出向いています。

１日で５００キロ移動なんて毎回のこと。一度仕入れの旅に出ると、２〜３０００キロの移動をします。

日本に帰ってきてからは年に３回行う展示会の準備です。翌シーズンのラインナップの発表、お取引先様との商談、日本に到着した商品の検品、などなど日本での仕事もてんこ盛りです。

２０１９年９月に、モロッコ渡航ついに１００回達成しました。日本から１万２０００キロ。夏は気温50度、湿度５％の過酷な気候のマラケシュ。

モロッコに出会って、どんなに遠くても、暑くても、乾燥していても、「モロッコに行きたい！　もっと知りたい」「この可愛さを皆に知ってもらいたい！」「あの人に持ってもらいたい！」「あのお店のあのコーナーに私のカゴバッグを置いてもらいたい！」という想いが私をモロッコに通い続けさせるのです。

運命の仕事が必ずある

私が特別なんじゃなくて、きっと誰にでも「出会っちゃった」経験は人生のいろんなシーンにあると思います。これを読んでいるのがアラフォーなら恋も仕事も結婚も。転職だって1回くらいはしているかも。50代の女性なら子育ても終わって、大きな一仕事を終えたところかもしれません。ずっと自分の中に溜めていた「好き」と出会ったら、運命。

そのときが一歩踏み出すときなのかもしれません。

私の過去の経歴はおいおいお話しますが、18歳で憧れのファッション業界に就職。始めはショップの販売員からスタートしました。ステップアップには時間がかかりましたが、やっと店長になり、その後はずっと憧れだったバイヤーになってパリ、ミラノ、ロンドンと世界中を行き来するようにまでなりました。

バイヤーになって数年後には何千万という予算を任されるようにまでなりましたが、32歳のとき、あっさり仕事を辞めてフリーターに。ひょんなことからフリーのスタイリストになって、芸能人の映画やドラマの仕事をさせていただけるようになったのです。

スタイリストになるための勉強をしていない私は、最初は見様見真似で頑張りました。仕事も新鮮でとても面白くて好きで続けていましたが、モロッコに対する「好き」はその楽しさを超えて、文字通り私の人生をひっくり返したのでした。

そして42歳でファティマ モロッコを立ち上げたのです。

最初は自宅の1室で。その溢れんばかりのモロッコラブは、55歳になった今も、全く変わっていません。

もしかしたら、好きなことはあるけど、一歩が踏み出せない。そんな出会いなんてあるはずがない……という人もいるかもしれません。だけど、何が起こるかわからないのが人生。

今いる世界だけが、そして過去にいた世界だけが、自分を輝かせる世界ではないのかもしれません。40代で気づいた、私の「大好きなことをして生きていく人生」がそこにありました。
数年後に実感しました。これまでの経験は、どんなことであれ、後で活きる。無駄なことは何一つない。

――ああ、ここに来るための道だったのか

そう思えたとき、私は、「とっても人生を楽しんで生きているのではないか！」と気づいたのです。

1日でも早いほうがいい

人生１００年時代なら、40歳はまだ前半。50歳でもちょうど真ん中。残りの50年もの人生を、好きなことをやらないままの人生で終わらせてよいのかどうかを、しっかりと考えてみるときだと思います。

ずっと心に秘めていることがある人は、残りの人生の時間について、一度しっかり考えてみてはいかがでしょう。死ぬ間際に「あのとき、本気で好きなことを追いかけていればよかった」なんて後悔しないように。

残りの人生を「好きなことを仕事にして、イキイキと生きる」か「ずっとやりたかったことをあきらめて生きる」か。

私には、それを考える時間はありませんでした。

そう、好きなことを見つけたら、足は勝手に前に踏み出しているから。

好きなことをしたいと思っているなら、1日でも早く始めたほうがいいですよ。

だって、時間は刻々とすぎていく。

この本は、42歳で、モロッコのスリッパを売り始めたおかしなおばさんと笑われた私の話です。

今思い出しても、「やるなあ、自分!」って、ちょっぴり自分を褒めたくなります。

スリッパを詰め込んだスーツケースを引きずっての飛び込み営業、これっぽっちも恥ずかしくありませんでした。だって、私は好きなことやってるだけですから。「この可愛さがわからないなんて、センスないな」くらいにしか思ってませんでした。

好きなことならなんでもできるし、越えられるんです。どんな荒波でも。

２０２０年　マラケシュにて　大原真樹

Part 2

Part 1

「好き」に値段をつける

選ぶ権利は、選ぶ勇気

モロッコで噛みしめる「自由」

北アフリカに位置するモロッコ。東京から直線距離で１万２０００キロ。最短フライトで約20時間。都会のカサブランカやラバト、マラケシュなどは、日本人のイメージよりも、かなり栄えています。でも、アトラス山脈を越えた砂漠や南部はまだまだ田舎です。日本の昭和初期のような、昔ながらの生活から変わっていません。

現在、世界中で、エコやサスティナブルという言葉が定着してきていますが、モロッコは基本の生活がエコです。

特にアトラス山脈のあちこちを移動しながら生活を営んでいるノマド（遊牧民）の暮らしはシンプル。生活に必要な最小限の道具だけを持ち、財産である家畜のえさを求めて住まいを移動して生きています。

彼らは決して貧しいのではなく、そのミニマムな暮らしが彼らにとって心地いい生活なのです。日の出とともに目覚め、日が沈むとともに1日を終えていきます。

乾いたオレンジ色の砂漠の中にたまに存在するオアシス。水があるところにはヤシの木があり、その実はナツメヤシ、デーツと呼ばれ、人々の大事な栄養源とされるだけでなく、葉や幹を乾燥させてカゴを編んだり、燃料として使ったり。

生活自体が質素だけど豊か。わざわざ意識せずとも、無駄のない生活が染み付いている人たちの暮らしは美しいと思います。

モロッコにいるとき、大好きな夕日を眺めながらアザーン（礼拝への呼びかけ）が聞こえてくると、都会で時間に追われてあくせく生きている日本より、私にとってこの国は心地よく豊かさを感じるのです。

今も、モロッコに足を踏み入れる度に、不思議と、力がみなぎってくるのを感じています。そして肩の力が抜けて息がしやすい感じ。呼吸が深くできる。肩こりも腰痛も、全部の痛みがなくなる感じ。私にとってのパワースポットなんです。

モロッコはイスラム教の国。

いまだ女性というのは、表に出る機会が極端に少なく、自分の道を自由に選べない人もまだまだ多くいます。都会では最近スカーフを被らずに過ごし、好きなファッションで自由に仕事も選べるという女性たちも増えてきましたが、田舎のほうへ行くとまだまだ男尊女卑の昔ながらの風潮が根づいていて、女性にとっては生きやすくない環境があるのも現実です。


生き方、夢、それについて考えられる自由があること。

そして生き方を選ぶ権利があること。


自分にとって、何が豊かなのか、何が楽しいのか、を選ぶことができるというのは幸せなことです。

一方で、選択肢があるというのは、同時に、選ぶ勇気が必要となるのも確か。

でも、勇気を持って一歩踏み出せば、自分にとっての幸せは必ず見えてくると思うのです。

生き方が〝自分で選べる〟ことに気づく

女だから「好きを仕事」にできる

成功を思い描くのは男性脳

「私も、好きな仕事をしたいんです」

テレビの影響か、「世界はほしいモノにあふれてる」（ＮＨＫ総合）に出演した後、そう声をかけてくださる方が増えました。

わざわざそれを伝えに、私のお店に来てくださる方もいるほどです。

特に多いのが40〜50代の女性たち。会社員であったり、主婦であったり、いろいろではありますが、何かに踏み出そうとしているお顔はキラキラ輝いて見えて、ついつい応援したくなります。

何歳になっても女性は貪欲。

成功しそうなことをビジネスにする、モノは後回し、成功したいから起業する、儲かりそうだから仕事する、というのは、男性の感覚、男性脳を活かした起業の仕方だと思います。

これは私の主観でもありますが、一方で「好きなこと」を仕事にするのは、圧倒的に女性的な感覚だと思います。理屈抜きの「好き」があるときの女性って、もう止まらないくらいのエネルギーに満ち溢れていると思いませんか？

「どうやったらたくさんの人に知ってもらえるかな」
「毎日この大好きなことに触れていたい」

成功するかどうか、お金が儲かるかどうかよりも先に、好きなものにかかわっていたいという強烈な欲があると思うのです。これが女性の本能だと思います。そして、この欲と感覚があるからこそ、好きなことを仕事にする力が生まれてくるのだと思います。

好きなことがある女性というのは、本来、いてもたってもいられなくて、誰に背中を押されるまでもなく、その道に向かって突っ走っているもの。

「自分の人生を楽しく生きたい」と願うのであれば、まずそのための第一歩は、「私は何をしているときが、一番楽しいだろう」「これを語りはじめたら、止まらなくなるものって何だろう」と、考えてみてください。

服やアクセサリーなどのモノかもしれません。犬や猫などの動物かもしれません。映画や本かもしれないし、音楽やお料理かもしれない。絵を描くことでも、好きな国でも、何でもいい。

その世界に浸れることが何よりも幸せだと感じることがあるなら、その道を突き進む方法を探していくほうが、きっと、もっと、生きている実感が湧くと思うのです。

「好きなことは仕事にしたほうがいい」

私は絶対そう思います。

「好きなことに情熱を燃やして生きていきたい」と願っているなら、そのアンテナを張っていると、ある日絶対に「好き」をキャッチする瞬間がくるのではないかと思います。

今の時代は、便利なようでいて、人が、心動かされる新しいものに出会う機会が、少なくなっているように思います。インターネットのおかげで、何でもすぐに調べて、知ることができますが、自分の目で見て、手で触れて、感動する機会、行動する機会が増えているとは思えません。

だから、テレビやインターネットで見て、気になるものを見つけたら、それをそのままにせずに、実際に見に、触れに、感じに、外に出てみてほしい。その先に、新たな発見があるはずです。

「好き」を見つけるとは「自分」を見つけること

1時間「好き」なことを語れたら素質あり

リアルに見て、聞いて、触れることの強さ

大好きなものについて語らせたら、誰もが、何時間も話し続けられるのではないでしょうか。特に女性は好きなことについて話し始めたら止まらないですよね。犬や猫が好きな人はその話を始めたら全然止まらないでしょう？　好きなドラマや本や旅行のこと、食べ物のこと、もちろん恋愛話も、何時間でも話していられるでしょう？

そして、もっともっと好きなことについて知りたくなるはず。

私も、モロッコについて語れと言われれば、何十時間でも語っていられます。

モロッコの雑貨に恋をしてから、私は、それらがどういう背景で生まれ、どんな人が、どんな顔で、手で、それを作り上げているのかを猛烈に知りたくなりま

した。

好きなことを仕事にするには、このストーリーをどれだけ人に伝えられるのかということが大事だったりします。

40歳のとき、スタイリストの仕事の合間を縫って、バックパックを背負って1か月、モロッコ中を旅しました。当時インターネットはありはしたけれど、今のように、スマホなんてない時代です。事前に見たいもの、行きたい場所をたくさん調べて準備をしていきましたが、いざ行ってみると調べていた情報とは違っていたりして、迷いに迷いました。

途中の町で、インターネットカフェに入って、次の町のことを調べる。そして動く。それでもいろんなハプニングに見舞われました。カサブランカ、タンジェ、テトワン、シェフシャウエン、フェズ、アルホセイマ、ウジダ、アルジャジーダなど北部中心に回りました。

町の色合いがそれぞれ違っていたり、人々の顔や性格、女性の服装、頭や体に巻くスカーフの色合いや巻き方が地域によってどう変化していくのかを体感しました。北部ならではの雑貨にも出会えました。フェズは伝統工芸発祥の地。トラディショナルな三角の先がとんがったバブーシュはフェズで作られています。また、フェズの陶器は有名。町のカラーでもあるフェズブルーの陶器は、美しいモザイク柄。

シェフシャウエンはリフ山脈の山肌にへばりついた小さな町。今でこそブルーの町として知られて、インスタ映えすると大人気の観光地になりましたが、その当時は観光客もまばら。地元の女性は、可愛いカゴの素材で編んだとんがり帽子に、シマシマのストライプの布を腰に巻いて、なんともチャーミングな恰好です。

北部のテトワンのカゴは、今までマラケシュで見ていたものとは違い、線が細くて繊細。編みが細かくて洗練されています。

初めて一人で練り歩いた1か月間。モロッコではベストシーズンとされる9月に行ったのですが、それでも30度を超す真夏日が続きました。興奮と緊張していたのもあってか、最後のアルジャジーダでは高熱でダウン。文字通り立ち上がることもできませんでした。でも、変更できないチケットだったし、仕事もあったので、何とか日本まで帰ってきて、点滴を打つ、ということに。このときの体験は自分にとって貴重なものでした。

「好き」を売るとはストーリーを伝えること

私が扱っている食器の中に、モロッコの南部のタムグルートという村で作られる伝統的な陶器があります。独特な緑色の陶器は、１０００年前と変わらぬ手法で作られている、この村でしか生み出せない貴重なもの。

数年前にドイツの会社が大きな機械を持ち込んで、大量生産を試みましたが失敗しました。この村のこの土で、昔ながらの窯でしかできないものなのです。

また、ベルベル人女性たちが古着・古布を使って織る裂き織りのボショロウェットというラグにも歴史があります。羊の毛の代わりに自分たちが着なくなった服を裂いて織り始めたもの。目にも鮮やかな色合いですが、１枚１枚、作り手がそれぞれの感覚によって色を織り込んでいくので同じものは１枚としてありません。柄もユニーク。個々の作り手の想像力が決め手です。

近年は数が減っているため、ヴィンテージを手に入れるのは一苦労。

ある意味、ストーリーのある物作りができるのは人間だけなのではと思います。

そして、そんなストーリーを知ると、それだけで興味が湧く、ときめきが増す、手間暇かけて生まれてきたモノの虜になる。もっと知りたくなる。

そして自分もそれを伝えたくなる。やっぱり、人が生み出す手仕事の美しさ、温かさに勝るものはないと思います。

そして、そのストーリーをどう人に伝えていくのか。

それを考えることが仕事になっていく。

私も、ファティマ モロッコのカゴバッグやバブーシュは、装飾してくれる職人さんたちの想いやモロッコの魅力も一緒に運んでいると思っています。そして、私は、手前味噌ですが、誰よりもモロッコにまつわるストーリーを語ることができるのではと思っています。

そのくらい、モロッコが大好きで、足を運び、土地を巡り、人に会い、モノに触れてきたから。

2019年の秋、渡航回数が100回を超え、トータルで3年くらいはモロッコで過ごしていることになりました。

これから、あとどのくらいモロッコで過ごせるのか、どんなモノとどんなストーリーに出会えるのか、楽しみで仕方ありません。

自分の五感で体験したことがストーリーになる

オリジナルにこだわる

誰に、何を伝えたいか、を本気で考える

モロッコの色鮮やかな雑貨たちに出会ったとき、「何て美しいの。なんて鮮やかなの」と、ため息が出るほどに感動したのを覚えています。私は、それを日本に伝えたい、広めたいと思い、実行してきました。

最初に考えたのは「モロッコの雑貨をそのまま日本に持っていっても売れないだろう」ということ。モロッコの雑貨は可愛らしいけれど、おしゃれ好きの日本人には少しだけ力不足。お土産として買って帰る分にはいいけれど、セレクトショップで買いたいか、というと疑問が出てきてしまう。

というのも、スークで売られているバブーシュ、可愛いけどチープ感が否めない。

革は粗悪で傷が多く、とにかく臭い。そして履いているとすぐに壊れる。

また、カゴバッグは、見た目可愛くても、使っているとすぐに取っ手が外れる、形が歪む。これでは無理！

それは必然的に、オリジナルブランドの立ち上げを意味していました。品質であったり、デザインであったり。モロッコの土臭さを払拭させて、ファッションのお店に置いてもらうことこそ、モロッコの魅力を日本で伝えるための手段になると信じていたからです。

モロッコの伝統工芸と、日本のファッションとの融合。これが目標でした。

まずは当時日本にもモロッコにもなかった、ゴールドとシルバーでバブーシュを作りました。というとバブーシュをただ金色と銀色にしただけ、というふうに聞こえるかもしれませんが、これがなかなか大変な道でした。

当時ゴールドとシルバーの革はモロッコでは手に入りにくく、サンプルは作れたとしても量産は厳しい。だったら安定して入手できる合皮で作れば、色のブレもないし量産にも対応できる。ところが現地の職人は、「合皮なんて何言ってんだ！」となかなか作ってくれず、職人探しに苦労しました。

また、トラディショナルな形の三角バブーシュのピンクを作りたくて、これまた職人探しに苦労しました。

伝統的なこの三角のバブーシュは、モロッコでは正装時に履くもので正統派は黄色がマスト。結婚式やお祈り時には必ずこの黄色の三角バブーシュを履きます。

なので、「ピンクなんて作れない！」って断られること何度も。

敬虔《けいけん》なイスラム教の職人ほど、高いプライドをもって伝統工芸を守っているので、今まで自分たちが作ったことのない色や形には全然無関心でしたし、門前払いも当たり前でした。

輸入ってどうやるの？

異国の地で新たなものを生み出すというのは、なかなかハードルが高かった。

それでもくじけずに、中敷きも厚くしてサイズも履きやすく改良し、やっと望みの品ができ上がったのは、最初に発注してから3か月も後の話。

そこからさらに日本に輸入するための仕組みを調べなくてはなりません。

まずモロッコから日本に輸出するにはどうしたらいいのか。

最初は郵便局から送っていました。が、待てど暮らせど届かず、このやり方は2回で却下。

次回からは発送業者にお願いすることに。モロッコはアフリカ大陸。日本までの輸送手段は迷わず空輸でした。船だと時間がかかりすぎ、型崩れが起きるのは間違いない。船中の湿気も気になる。

空輸しかない。空輸だと送料はいくらかかるのか。エアラインごとの価格を調べました。

それから日本到着後、税関でいくらかかるのか、関税はいくらか。

成田空港に隣接している関税事務所に行って、アイテムごとの税率を調べました。

全部自分で確認し、単価を割り出す作業。

飛行機にも乗らないのに、毎日成田空港に通っていました（笑）。

こうやって、ようやく日本にやってきたバブーシュはものすごい山となって私の部屋を埋め尽くしたのです。

まだ売る場所も相手も決まっていません。貯金はどんどん減るけど、モノはどんどん増える。もちろん不安はありましたが、それより希望のほうが勝っていました。

まだスタッフもいなくて、検品はもちろん一人。大きなボロボロの段ボールがいくつも我が家に運び込まれて、それを1箱ずつ開ける作業。ちゃんとできているかの不安と、早く会いたい気持ちとが入り交じって、明けた瞬間中からモロッコの匂いがすると、ふわっと幸せな気持ちになっていました。

そして、1点ずつ検品を丁寧にはじめ、輸送中に取れてしまったスパンコールをチクチク縫い直したりの日々。

気の遠くなる作業でしたが、楽しくて時間が経つのを忘れて没頭していました。

直感は〝考え抜く〟ことで形になる

マーケティングより大事な「感動」

妄想力を発揮して、克明に思い描いてみる

ファティマ　モロッコのカゴバッグやバブーシュは、すべて企画から行い、マラケシュの旧市街にある自社工房で生産するオリジナル商品です。
現地の職人さんたちが1つずつ、すべて手作りで作っています。大好きなモロッコ雑貨をそのまま輸入して売ることもできたのですが、それは考えませんでした。
ファティマ　モロッコのブランドを作るにあたり、心に決めていたのは、

1　自分が持ち歩きたいと思えるデザインに徹底的にこだわって作る
2　雑貨店ではなく、センスのいい洋服を扱うセレクトショップに置いてもらう

ということでした。

それは、ビジネス的に考えると「ゴールを思い描く」ということなのかもしれませんが、私の中ではそういう論理的な感覚は一切なく、そこにあったのは、とにかく「雑貨屋じゃなくて、ファッションのお店に置いてもらいたい！」「自分が日頃使える可愛らしいものを作りたい」という明確な思いでした。カゴバッグやバブーシュは雑貨です。でも私にとってはファッションアイテムのひとつだったのです。あくまでファッションとしてモロッコ雑貨を広めたい。

私が作るバッグやバブーシュは、おしゃれ好きな女子たちが、「あ、これ、この服に合う」「家ではこういうの履きたい」という感覚で、選んでもらえるものにしたかった。だからこそ、自然に生まれたのは「セレクトショップに置いてもらう」という目標だったのです。

あのセレクトショップの、あの棚に置いてあって、センスのよいお客様が洋服をセレクトした後に「あ、これ可愛い」と、手に取るバッグ。そして、「うちのインテリアに合いそうだし、履き心地いいし」と、手に取るバブーシュ。

そのときのお客様の嬉しそうな笑顔を想像しただけで、私は猛烈にテンションが上がりました。

好きなことを仕事にしたいと思うとき、大切なのは、大好きなそれが、どんな場所で、どんな人たちの目に触れ手に渡り、その人が笑顔になれるのかということをイメージすることだと思います。

始めて数年後、渋谷のスクランブル交差点で、前から歩いてきたおしゃれな女の子たち３人が全員、ファティマ モロッコのカゴバッグを持っていたのを見たとき。

また、たまたま入ったレストランで、隣に座っていた女性がファティマ モロッコのクラッチバッグを持っていたとき。

旅行先の沖縄のホテルのロビーでファティマ モロッコのカゴを持っている女性を見かけたとき。

そのときどきの感動といったらありませんでした。

駆け寄って、「ありがとう！」とお礼を言いたくなるくらい嬉しくて、泣きそうになりました。

そのとき思いました。「私はこの光景が見たかったんだ」と。

大好きなモロッコの、職人さんたちの魂のこもった可愛いモノたちが、こうやって日本の街に溶け込んでいく。私が好きでたまらないモノたちが、「可愛い」「素敵」って言われながら、日本で受け入れられ、居場所を見つけていくのです。

ビジネス思考で、マーケティングをして、なんて考えるより先に、あなたが大好きな「それ」が、どうなっていると自分は心から嬉しくて、感動するのか……そうイメージするほうが先なのではないかと思います。

自分の「好き」を誰に持ってもらいたい？誰に使ってもらいたい？

自分の「好き」に「適正価格」をつける

趣味ではなく仕事と肝に銘じる

お金がすべてではない。
だけど、お金や数字のことはきちんと考える。

好きなことを仕事にしたいと思うとき、大切なのは、「それ」がモノであれ、サービスであれ、そのものの価値をきちんと見抜くこと。「好きなことだから儲からなくていい」と安売りをするのではなく、モロッコの市場のお兄ちゃんたちみたいに山っ気たっぷりに高く売りつけるでもなく、適正な価格をつける。それは、好きなことに正しい価値を与えるということでもあります。

「好きなことをお金に換算するのが苦手」なんて言っていたら、好きは仕事にできません。また、それはただの趣味で、仕事にはなり得ないものになってしまうから。


好きなことにこそ、価格という価値を授ける。

自分が魂込めて作ったモノに対する評価は自分で決める。


計算をする。その品やサービスに適正の価値を見出す。

胸を張って、最高の値付けをする。

そしてその品やサービスが、価格以上の喜びをユーザーに与えてくれるのだと信じて、想像して、嬉しくて思わず笑顔になる。


それができたときがスタートライン。

例えば、ファティマ モロッコのバブーシュ。現地で製作する原価が８００円だったとしても、輸入にかかる関税が30%で２４０円。さらに日本への送料、日本についてからの通関料、倉庫までの送料、さらに検針・x線の検品検査代、１足ずつの袋入れや値札付け、倉庫代、さらには卸先への掛け率。

それらを加味して考えると、この本のカバーにもなっているバブーシュで４０００円となるわけです。

どうですか？　現地で何人もの人の手で手間暇かけて1足ずつ、しっかりしたクオリティーで手作りされたバブーシュ、高いでしょうか？

「スリッパ１足４０００円以上するの？」

私がバブーシュを扱い始めたころ、そう言われたことがあります。

「そうですよ。だってこれ、ただのスリッパじゃなくて、生活に潤いを与えてくれて、毎日履いていると、それだけで日々がハッピーになるモロッコのバブーシュだから。こんなスリッパ見たことないでしょ？」

私はそう思っていました。だからこそ、卸先は熟考しましたよ。

ただ売れればいいわけじゃない。売り上げは作りたいけど、どこでもいいってわけじゃない。

プライド持って作ったファティマのバブーシュです。

売るときももちろんプライドを持ちます。

――あの店舗のあの場所に、うちのバブーシュがあったら素敵！

そんなイメージを持ち続け、卸したいお店に営業に行きました。

おしゃれ好きな女子たちに、私のバブーシュを見てもらいたい、知ってもらいたい、履いてもらいたい。デパートのスリッパ売り場ではなく、流行の最先端をいくセレクトショップに行く人たちが、服を買いながら「あ、これも」と思って手に取ってくれることをイメージし続けて。

値付けは自分で決める

常識にとらわれない〝価値〟の引き出し方

1センチの誤差を許せますか？

モロッコで仕事を始めたときに、ぶつかったのが、文化の違いです。

あちらには「インシャーアッラー」という言葉があるのですが、これはアラビア語で「神のみぞ知る」という意味。これが、モロッコでは都合のよいようによく使われます。

例えば「明日9時にね」「インシャーアッラー」と言って別れて次の日、全然こない。

最初は私も腹を立てていました。

「どうして、約束を破るの？」

「なんで、期日内にできないの？」

「どう見ても発注と違うものができてるじゃない」

って。

「もう！　インシャーアッラーって言わないでぇぇぇ！」って叫びたくなるくらいでした。

さすがのモロッコ好きの私でも血圧が乱れまくりの日々でした。


でも、そのうち自分の考え方が変わってきました。

寸分違わず同じものを納品しなくてはならない日本、何もかも細かく厳しい日本、約束したら守るのが基本の日本、それは、あくまでも、私の価値観、日本の価値観であることに気づきました。

モロッコに住む人たちは、日本では考えられないほどの、ゆったりした時間と価値観で生活をしています。それを全面否定する自分はいったい何なのか？

大好きなモロッコのはずなのに、文句ばっかりではないか？


次第に、「インシャーアッラー」かあ……。

それもそうだな。

だってほんとに明日のことで絶対なんてないし、未来のことで確約できることなんてないじゃない。明日になってみないとわからない。

「神のみぞ知る」って当たり前のことじゃない？　って思いだしてきました。

なんだ、そんなに目くじら立てて、「インシャーアッラー」の言葉を嫌いにならなくていいのだ。

むしろその余裕のある優しさが好きになってきました。

そのとき、一つ文化の壁を越えられた気がしました。

「サイズ違い」か「手仕事の味」か

だから、私たちが展開するアイテムは少々の個体差があっても、そこは手作りのよさとして、少しのサイズ違いや許容範囲の持ち手の歪みはセレクトショップでも認めてもらうようにしました。

もし、１センチの妥協を許さないとしたら1個完成させるために10個以上を却下しなくてはならなくなるのです。それでは本末転倒ですし、さらに、機械ではない手仕事のよさを伝えることもできなくなります。

そう考えると、どんどんおおらかな気持ちになっていました。

一つの価値観に物事を合わせて行くときに、個性や魅力が失われるということは、あらゆる場面で起こること。

常に俯《ふ》瞰《かん》して、広い視野を持つことが大切だと感じています。それは、お互いに必要なことで、もう長年一緒にやっているモロッコの職人さんたちは、日本のきっちりした異文化を、彼らなりに理解してくれるようになりました。

私も、今となっては、モロッコ人への発注期日は鯖《さば》を読みまくります。1か月先でいいものを「1週間でお願い！」と言う。よほど深刻なことが起きない限りは、相手をねじ伏せようとするよりもこっちが機転をきかせる作戦。相手を変えようとするのではなく、変わらない相手とどう接していくかを考えるほうが、物事はうまくいくから。そこから先こそがインシャーアッラー、神のみぞ知る。

日本に暮らしていても、それぞれの地域の常識や、家族の常識など、文化って小さな単位であるものだと思います。私も、常に私の常識を持ち出す癖があります。

だからこそ「これって常識でしょう」と言ってしまいそうなときほど、一度、考えてみることが大事。

「これって、私だけの常識かもしれない」

そうすると、相手の常識について考えることができ、同じように考えてくれない、行動してくれないことに目くじらをたてることなく「じゃあ、どうするか」を考えることができるようになります。

これが実は、思いやりであり、相手の領域に土足で踏み込まない、他者との間のほどよい距離なのではないかと思うのです。それぞれの「私の常識」には正解はないのです。

価値を決めるのは自分のモノサシ

自分で決めると後悔しない

売れ線に乗っかるリスク

私は仕事のことについて誰かに相談することはほとんどありません。

例えば作るモノも、買うモノも、売り先も基本自分で決めます。

そしてもちろんその責任は全部私にあります。

好きなことをやる上で、自分で決定して動いて、最後まで責任を持つということは当たり前ですが、とても重要なことです。

もちろん人の力は借りますし、スタッフの意見も聞きます。自分だけでファティマ モロッコが成り立っているとは思っていません。

ただこの仕事で要《かなめ》になるのは、誰よりもモロッコが好きで知っている、という私なのも確か。

だから自分の直感を信じています。

商品を選ぶにしてもそう。

誰かに「これは今人気で売れている」と言われて、ああそうなんだと流されて真似して選んだ商品と、自分の直感で「これだ！」と思って選んだ商品だったら、仕入れて売れなかったとき、真似した商品だったらめちゃくちゃ落ち込むし、悔やんでも悔やみきれない。

そしてもしそれが売れたとしても、全然嬉しくない。魂を売ったみたいで、下を向いて歩きたくなる。

だから選ぶのは絶対自分。自分が選んだものだったら、たとえ売れ残っても悔いはない。いいと思って選んだけど、全然売れなかったのよ！　って、前を向いて笑ってられる。

もちろん反省はしますが、その経験も次のステップにつながると思っています。

必要なのは直観を信じる力

決めるときは「好き」か「嫌い」かだけでいい

人生も仕事も宝探しのようなもの
——好きじゃないことをやるのは辞めよう。

私がはじめてそう思ったのは、高校卒業のときでした。

当時はまだ10代。ファッションに夢中になりだした頃です。洋服が大好きで、その道に進みたくファッションの専門学校に行きたい私と、大学に行って欲しい父との対立。結局どちらも折れず、初めて親に反抗して、「だったらどちらにもいかない！」と啖呵《たんか》を切ったのを覚えています。

「専門学校に行けないなら就職しよう！」

それも大好きなあのブランドがあるあの会社に！　とすぐに応募したのを覚え

ています。今考えると、あのとき私にとって大事だったのは、好きだと思う自分の気持ちを貫いて前に進むことでした。

大好きでこの世の中で一番尊敬している父を、このときはがっかりさせてしまったと思いますが、結果オーライ。数年後には応援してくれるようにまでなりました。

私は、幼い頃から、どんな習い事も好きだと思えず、ピアノも、習字も中途半端でした。好きなことが一つもない子ども時代でした。そんな私が、中学生の頃に初めてファッションにはまり、毎週原宿に出かけるようになりました。そしていつかファッション業界で働きたいと思うように。

原宿は私にとって知らなかった世界。おしゃれな人がこれでもかっていうくらいいて、夢のような場所でした。

大学進学を望む父の期待は裏切ることになりましたが、18歳で希望していた大手アパレル会社に就職し、販売員として働くことに。

洋服が大好きだったから、楽しくて仕方がなかったものの、服飾に関する知識がまったくゼロの私と、服飾の専門学校を出た2歳上の同期との間にはスタートラインで大きな差がありました。同期の中では何をするにも後れを取っていて、一生懸命にやっているけれど押しも弱く、売り上げをなかなか伸ばせずに、長い間苦戦していました。

やっと憧れのバイヤーになれたけど…

素材の名前、襟の種類、服の作り……。服飾の学校を出ていた同期たちは知識豊富でしたが、私は何も知らなかった。でも、諦めるという言葉は自分の中にはなく、「これは何ていう生地?」「この形って何ていう名前?」。一つずつ聞きながら覚える毎日。

そして配属されたラフォーレ原宿のお店には、ヨーロッパやアメリカの商品がたくさん並んでいました。

「この商品は誰がどうやって選ぶの?」

このとき初めてバイヤーという仕事があることを知り、興味津々で、毎日毎日バイヤーってどんな人がなれるの？　って考えていました。

そしていつしかバイヤーになることへの夢が膨らんでいったのです。

それから徐々に同期が先に店長になり、バイヤーになっていくのを見ながら、「自分もいつかは！」、常にそう思っていました。

10年かけて、必死に同期に追いついて、私も憧れていたバイヤーになったときは、それはそれは嬉しくて、夢は膨らみ、やる気にみなぎっていました。


ところがバイヤーにいざなってみると、そんなワクワクする毎日が自分に訪れることはありませんでした。

実際は、海外へ買い付けに行っても、自分の好きなモノばかり買えるわけでもなく、街を見る時間もなく、宝探しをする暇もなく、毎日展示場とホテルの往復だけ。自分がいったいどの国のどの町にいるのかさえ分からなくなるほど。

先輩バイヤーの選んだものに数字を入れていく。予算と必要な数を言い渡されて、それに合わせて展示会場でバイイングする。

ひたすらそれを繰り返すのです。

当時はパソコンもデジカメもなかった時代。その日見たものはその日のうちにオーダーしなければなりません。まるで計算係のように、朝から深夜まで電卓を叩く日々。長いときは1か月も！

私が想像していたバイヤーとは宝探し。まだ見ぬ世界の可愛いものを自分の手で発掘して日本に持ち帰るという仕事だったのです。

ただひたすら、注文をこなしていくのではなく、世界を見て、歩いて、宝物を見つける冒険者になりたかったのです。

ですから、憧れていたバイヤーになってからというものは、夢と現実の間で悩み、憧れだった職業を楽しむという余裕はありませんでした。

——ここにいても、宝探しはできないんだ。

長年憧れてやっとの思いでたどり着いた場所は、私のゴールではなかった。

考えて考えた末に会社を辞めました。次の仕事も決めずに……。

何かを手放すと、何かを得る、は本当

好きなことができないのなら、バイヤー時代にめちゃくちゃ上達した電卓の腕を生かして、スーパーのレジ打ちをやるほうがいい。その方が自分の能力を活かせるかもしれない。本気でそう思っていました。

真剣に近所のスーパーにパートで応募しようと思っていました。

そのとき、32歳。

結局は、バイヤー時代のお客様から連絡をもらい、暇にしているならスタイリングしてという感じで、急きょスタイリストのバイトをすることに。

もちろんスタイリストになる勉強もしていなかったので、コンテの見方も知りませんでしたが、新たなことへの興味は大きくなり、見様見真似で独学で勉強していきました。

大好きなファッションにかかわる仕事をできるのは私にとってはあらたな喜びをもたらしてくれました。映画やドラマで私がセレクトした洋服を着た女優さんが活躍するのを見ることはとても楽しくもあり、誇らしい気分でもあり。
ちょっとバイトのつもりが、楽しくて楽しくて結果10年続きました。

そのスタイリストの仕事を始めて4年後の２０００年、36歳のときに、ずっと行ってみたかったモロッコにようやく行く機会を得たのです
思い焦がれて9年、夢を見続け、想像をし続けたモロッコのカサブランカ空港（ムハンマド5世国際空港）に降り立ったときの興奮は今でも覚えています。

あの瞬間、全部持っていかれてしまった。
大好きで楽しくて仕方のなかったスタイリストの仕事も、これまでのキャリアも、ファッションに対する自分のこだわりも、何もかも。

「ああ、私はここに来たかったんだ」と心の底から湧き上がる何かを感じました。

好きじゃないことはやめる

Part 2

「好き」を売る

やるなら今。若くても、若くなくても

50歳から始めて30年後ベテラン

私が、ファティマ モロッコを立ち上げたのは42歳のときです。一般的に見れば、40を超えてからの人生の方向転換は、遅いほうだろうと思います。

もちろん、大転換をしてからの私は、最初からうまくいったわけではありません。失敗もたくさんしました。

あれから14年が経って、今思うことは「よくあのときに始めたなあ」という思いです。

私の好きなこと、やりたいことは、モロッコが舞台。50代の今始めるよりも、40代だったあの頃の自分が100万馬力で頑張ってくれたから今がある。でも、もしモロッコに出会ったのが今だったら、やっぱり今から始めると思います。

ただ、女性は40代以降、心身が変化する時期がやってきます。50代には更年期がある。閉経もある。女性としては体が大きく変わる時期であり、精神的なダメージを受ける人も少なくありません。だから、40代で始めるよりは体力的にきつかったかも。

もし、私の周りに好きなことをやりたい、と願う人がいたら「いつか」ではなく、一日でも早く始めることをお勧めします。1日でも早く始められれば、失敗しても挽回するだけの時間を持つことができるから。

人生100年時代なんて言いますが、実際には好きなことを思い切りできる年齢って、100歳まではないのです。何を始めるかにもよりますが、例えば50歳で始めたとして、80歳まで続けたら30年の大ベテランですよね。そして、もし80歳まで現役でいられたら本当に素敵な人生。さらに死ぬまでやり切れたら言うことはありません。

好きなことができる時間は限られているからこそ、今すぐに始めれば誰にだってチャンスはある。

老後の心配をしているよりも、今始めたらいつまで好きなことができるか、を考えるほうが絶対に大事だと思います。

やりたことがある人にとって「私にはまだ早い」なんてこと1つもありません。

それが、40歳を超えていたならなおのこと。

40をすぎて、新しいことを始めた私が言うのですから、間違いありません。

ちなみに、もし今モロッコよりももっと好きなことが目の前に現れたら、目をハートマークにして一目散にそこに向かって走り出すと思います。

今、55歳ですが、「見つけた！」って、42歳のときとまったく変わらずに、大興奮しながらそこに向かうでしょう。

もちろん、モロッコ愛が消えることは、今のところ想像もできませんが。

モロッコに向かって一直線の私の道は、これからもまだまだ続いていくと思います。

1日でも早く始めた人が幸せになる

「完璧」より「とりあえずやる」

準備期間はあまり役に立たない

起業する、と考えると多くの人は「完璧にやらなくては」と思いがち。たくさんのお金をためて、たくさん準備をして、たくさん情報を得て、「さて」と始めようとすると、その時点で思い立ってから何年も経っていることも。

でも、新しい世界に新しい船で漕ぎ出すときは、どれほど準備をしていたとしても、トラブルは起きるし、思ったようにはいきません。その都度軌道修正が必要になります。だから、何かを始めるときって、完璧主義が邪魔になったりするのです。

私たちの年齢になると、たくさんのお金を貯めるために時間を使うよりも、今準備できるお金で何がやれるのかを考えるほうがいい。

たくさんの準備をするよりも、動きながら必要なものを整えていくほうがいい。

たくさんの情報を得るよりも、必要なときに、本当に必要な情報だけが手に入ればいい。情報は多ければいいってものじゃない。

私はそう思っています。

確かに、新しいことを始めるのには勇気もいるし、怖さもあるかもしれません。でも、絶対に失敗しない方法なんてあり得ないし、完璧なタイミングなんてないのです。それよりも、今、すぐに動き始めることのほうが重要。

私も、14年間の中で、いくつか新たなチャレンジをしました。チャレンジというとまた足踏みしてしまいそうですが、要するに「実際にやってみた」「試してみた」ということ。その中で、いくつかはとてもうまくいったし、いくつかは大失敗しました。

人は、頭で考えすぎて、準備しすぎると、試してみるという手段を取れなくなります。なぜなら、失敗する方法をたくさん先に知ってしまって、回避することに頭がいっぱいになるからです。

それよりも、何はともあれ「試してみる」。

失敗は成功の元っていうじゃないですか！

その失敗を元に、次の手段を取ることができます。これを繰り返しているうちに、どうすればいいのかが見えてくるのです。

失敗するのが怖い。だからやらない。それは、すごくもったいないこと。なぜなら、失敗をすることは、うまくいくための通過点だからです。

結局のところ、まず身の丈で試してみることこそ、一番結果が出る手段だし、大きな失敗をしないということになります。

特に今は、インターネットを使ったお試しもたくさんできる時代ですから、まずは、たくさん試してみることをお勧めします。

身の丈でやると怖くない

〝今あるお金〟でできること

不安を上回るワクワク感

好きなことで何かやりたい。

そんなときに、多くの人が問題だと思っているのが「お金」です。

でも、大きなお金がなくとも、アイデアがあれば夢の一歩は踏み出せる。特に今はそういう時代だと思います。

例えば、ハンドメイドで作ったものを売りたいのなら、ハンドメイドのギャラリーを兼ねた販売の場はインターネットで簡単に持つことができますし、資格を取ってやりたいことがあるのなら、勉強は本1冊で始められるでしょう?

もちろん、お金がないと始められないことだってありますが、お金がないことは好きなことを始めるための一番の障害にはならないと思っています。

私の場合は、モロッコへ行き、雑貨を作り、それを輸入するというやり方をしたので、そこそこのお金が必要でした。

現地への飛行機代、宿泊代、仕入れ代、さらに仕入れるときの通関税、輸送費が必要だったから。なので最初の1年はスタイリストの仕事との二足のわらじで乗り切り、手元にあるお金の範囲で運営しながら、少しずつ製作する個数や種類を増やしていったのです。

商品を売って、翌々月末に入金されたお金を持って次のものを作る。だから、入金前は通帳の残高が5000円、ということもありました。まさに自転車操業。最初の3年はずっとそんな感じでした。

不安？　ありましたよ。

それでもやっぱり、踏み出したことへのワクワクはそれを上回っていたのです。

アイデア次第で踏み出せる

「ゼロになってもやり直せる」金額で

お金だけは絶対に無理しない

周囲の人たちには、私は、とても、チャレンジャーで破天荒に見えるみたい。モロッコに出会って突然、カゴバッグやバブーシュを作って、日本で売り始めたのだから、そう見えるだろうなと思います。次から次へと行動しまくることもあって、怖いもの知らずに見えるかもしれません。

でも、私は周囲が思っているよりも慎重で、石橋を叩いて渡るタイプ。もともとギャンブルは好きでなかったし、大きな賭けをするタイプではありませんから、大きな勝負もしません。

人にお金を借りるのも大嫌い。

オリジナルのブランドを立ち上げると決めてからも、1年間はスタイリストと

２足のわらじ。そう、猪突猛進ではあるけれど、歩みはいつも１歩ずつでした。

その最初に使ったお金が２００万円、最初に作ったのはそれで作れる範囲。確か、バブーシュを１００足くらいと、カゴが50個くらい。あとは絨毯を数枚と食器を少し買い付け。そんな感じだったと思います。

そしてその２００万円があっという間に消えても、借金をするという選択肢は私にはありませんでした。

納品したお客様からの入金を１か月から２か月、ひたすら待つ日々。無理して借金してもっと商品を作る、という賭けには出ませんでした。

今でこそ、数千個という単位で受注を受けますが、最初は50個でもビビっていました。なのでいきなり大口の注文は受けずに、小さいロットからお願いして実績を作るという徹底ぶりでした。50個ができたら、次１００個、２００個、５００個というように。石橋を叩きまくっていましたね。

もし、何かあっても自分で責任を取れる範囲でしか動かさない。自分のキャパを確認しながら日々アップデイトしていく。

なぜなら、モロッコ時間で製作をすることは本当に大変で、期限内に発注した通りの商品がきちんと上がってくること自体が難しいのですから、最初の頃は50個の発注でも、ドキドキ、ハラハラ。

それが、１００個ならこのくらいの段取りを踏めば、きちんと上がってくるという自信がついてきて、４～５年経った頃には１０００個でも大丈夫になりました。でも１万個だとやはり眠れなくなる……。仕事をするにあたって、自分が受け止められるキャパシティというのも、スキルアップと同じく少しずつ広がっていくのです。

どんどん行動して、チャンスを掴んで、と言っている私がこんなに小心者だなんて、意外かもしれませんが、猪突猛進と慎重は同居するし、女性の起業はむしろその両方がないと叶わないと思っています。基本的に、安心して好きなことに取り組める環境が第一。自分の手の届く範囲の小さな円の中こそが、仕事を始めるときの最初の陣地です。いきなりギャンブルのような賭けには出ません。

でもそんなことを言っている私でも、金銭的に、大きな失敗をしたことがあります。原宿にモロッカンカフェを出したことと、大阪にショップをオープンさせたことです。

結果的に、遠隔のオペレーションがうまくいかずに両方とも3年で閉めることになりました。ただ、私は、当時の自分の陣地をきちんと守っていたので、基盤である表参道のショップには影響はありませんでした。金銭的な痛みも、「スポーツカーを買ったけれど、ぶつけて廃車になっちゃったと思おう」と思えたのも、借り入れたお金ではなかったからです。

心配や不安は、そのほかのところでも十分に抱えていますから、お金だけは、何があっても絶対に無理をしないと決めておくこと。

「ゼロになっても、またやり直せばいい」

と思える地点は、あくまでも、本当にゼロ地点。自分の生活をなげうったり、借金をしたりするのではない、安全なラインに定めておくべきなのです。そして、一歩ずつ踏み出して、「あ、ここまでなら大丈夫」という位置を探りながら、自分の今のキャパシティを把握しておくことが大切です。

それが身の丈の範囲で動くということ。

とはいえ、ここでいうところの「身の丈」というのは、自分の力を低く見積もるのとは違います。自分の今の器をしっかりと認識した上で、少しずつ無理をする。少しずつ広げていくことが大切だと思います。

お金儲けが最優先じゃないから、借金はしない

「じゃあ、どうする?」と考える

「でも」「だって」は自分への言い訳?

最近は表参道の店を訪ねてきてくれる人が増えました。いつも店にいるわけではないので、お会いできる方は限られるのですが、多くは40歳から70歳までの女性たち。彼女らが異口同音に語るのは「私も、好きなことがやりたかった」ということ。

でもそのあとにつく言葉が「もう少し若かったら」「お金があったら」「才能があれば」だったりするので、思わず、「何言ってんですか。これからですよ! やってくださいよ」とついついお尻を叩いてしまいます。

また、トークショーなどをすれば、若い女性たちが「私会社を辞めたいんです」と、声をかけてきます。そのようなときももちろん「辞めたらいいじゃない。好きなことやったらいいじゃない」って背中を押します。

どうして好きなことがあるのに踏み出せないのか。そこには色々な理由があるとは思います。ただ、誰しも共通しているのが、「やりたいんです」の後の「でも」そして「だって」。

「会社を辞めて好きなことをしたいんです。〈でも〉正社員を辞めるのは怖くて」「好きなことができたらいいな。〈でも〉年だから」

彼女たちに「でもでも言ってないでやりなさい！」って言うと、次は「〈だって〉動き出すためのお金がないんです」とか、「〈だって〉育児中で大変で」とくるでしょう？

よく世の中見渡してみてください。

お金がなくても好きなことを仕事にした人の話、育児中でも自分の事業を立ち上げた人の話、たくさん出てくるはずです。

私の中には、「でも」と「だって」はありません。

自分の人生なのだから、好きなことをしていたいから、言い訳なんて自分にさせたくないのです。たった一度の人生の中で出会ったチャンスを、「でも」「だって」でやめたりはしない。

代わりに使える言葉があるとしたら「じゃあ、どうする？」「じゃあ、どうやる？」だけ。

会社を辞めて好きなことをしたい。「じゃあ、どうする？」

好きなことができたらいいな。「じゃあ、どうやる？」

そうやって自分に聞いていると、もう前にしか動けなくなります。

それから、最初から「うまくやろう」「成功しよう」と考えすぎてしまうと、いつまでたっても大事な一歩が踏み出せないと思うから、まずは、小さくてもいいから1歩出てみること。

3歩進んで1歩下がる、なんて当たり前。時には3歩進んで5歩下がるなんてことも。でもね、まずは歩き出さないことには何も始まらないのですよ。
そんなことを繰り返しているうちに、いきなり猪突猛進するようになっていますから。
心配しなくても大丈夫です。

自分の人生に言い訳はしたくない

人生初の営業、電話の数だけ断られ……

「資料送ってくださーい」ガチャン

自宅マンションの一室を埋めたバブーシュ。出荷準備は整いました。

そして、人生初の営業スタート。

私はお気に入りのインテリアショップ特集の本を片手に、自分の好きなショップに片っぱしから電話をし、アポ取りをはじめました。

とはいえ、突然ショップに電話をして会いたいといっても、断られるのは当たり前。多くの場合は「資料送ってくださーい」の一言で終わり。どこの誰だかわからない人から営業の電話がかかってきて、はいはい、じゃあ10足お願いします。なんていうお店なんて1軒もありませんでした。

でも、そんなことでひるんでいる場合ではありません。今度は勤めていたアパレルの会社の元上司や同僚、先輩や後輩たちにも電話をし、商談の機会をもらいました。

最後には、バブーシュをスーツケースに入れて、町中を練り歩き、素敵なお店を見つけては、飛び込み営業をしました。

ショップに突撃して迷惑そうにされることもありました。見る前から断られることもしばしば。

「モロッコってどこ？」

「バブーシュって何？」

「スリッパはいりません」

などなど。

そんなときは「この可愛さがわからないなんて、バイヤーとしての目がないわね、フン」と思いながら帰っていました。

最初はとにかく自分が作ったバブーシュを見てもらう機会を作ることに必死でした。

この話をすると「恥ずかしくなかったの？」「勇気ありますね」なんて言われますが、恥ずかしいなんて思いは1ミリもありませんでした。

自信満々で作った商品。絶対的な自信がありました。どこのバブーシュよりクオリティが高くて、デザインも可愛い。徹底的にこだわりぬいて作った商品たちです。

おしゃれに興味がある女の子たち、きっと家に帰っても可愛く暮らしたいはず。外に出るときはセンスのいい靴を履いてでかけても、帰ってから味気のない布のスリッパじゃテンション下がるはず。そう信じていました。

だから、恥ずかしいとか、不安なんて、まったく感じなかった。

でも、自分が動いていれば、少しずつ、周辺にさざ波が立つのです。

「じゃあ、3足だけ」みたいな感じで、風が吹く瞬間がある。

そこからさらに「5足追加で」「50足お願いします」と、突然動く日がやってくるのです。

恥ずかしいなんて1ミリも思わない

ダメもとでお願いしてみる

人脈は今から作るもの

私の中で特に記憶に鮮明に残っているのは、今も、毎シーズンファティマ モロッコのカゴやバブーシュを扱ってくれているユナイテッドアローズさんが、初めて仕入れてくれたときのこと。まだファティマ モロッコを始めて1年も経っていない頃のことです。

それまではモロッコにも日本にもなかったゴールドとシルバーのバブーシュ。

茶色や黒の革の取っ手しかついていなかったカゴバッグに、ゴールドとシルバーの取っ手も付けました。

私がどうしても置いてもらいたかったセレクトショップがユナイテッドアロー

ズさんでした。

基本、セレクトショップのバイヤーは、紹介でもない限りなかなか簡単には会えません。当時バイヤーさんを知らなかった私は、イチかバチか電話をし、担当の人の名前を教えてもらい、その方に連絡がつくまで電話を鳴らし続け、やっとバイヤーさんに会えました。

「大原さんなかなか面白いことをやっていますね。バブーシュ、うちもやっているけれど、この色はないから、10足からやってみましょう。ゴールドとシルバーのハンドルのカゴバッグも10個ずつ一緒に」

それがはじまり。すぐに完売して追加注文をいただき、10が50に、50が１００に、１００が１０００に、数年の間に増えていきました。

――ゴールドのバブーシュがあったら素敵。

――これを、広めたい。だって可愛いんだもん。

だから試した。結果、うまくいった。

その後もモロッコのアルガンオイルを使った、オーガニックのコスメブランド「フルールドファティマ」を立ち上げたときは、どうしても、ある百貨店のコスメのバイヤーさんに会いたかった。あの売り場にどうしても置いてもらいたい！そう強く思ってはいましたが、なにせ私にとってコスメ業界は未知の世界。もちろんバイヤーさんなんて知りません。

「じゃあどうする？」

ありとあらゆる知り合いに連絡を取りまくり、つながる人を捜しました。やっとの思いでそのバイヤーさんにお会いしたときにこう言われました。

「5人から大原さんのお名前を聞いて、さすがに、会わないわけにはいかなくなった」

と。でもそこで、商品を見ていただき、気に入っていただき、それから数か月後には、フルールドファティマのフェアをやっていただくことになりました。

多少強引に見えることでも、何でも試す。

少々荒い進め方で図々しいかもしれないけど、礼儀を持って接すれば、きっとわかってもらえる。

自分の「好き」を伝えるためには、まずは手に取って触ってもらい、話を聞いてもらう機会を作る。それが第一歩。

そのためにはどうするかと、掘り下げていく。

それが、結果的に、商品を使っていただくお客様の笑顔につながると信じていたので、何も恥ずかしいとは思いませんでした。それだけ、自分の商品たちに自信を持って動いていたからだと思います。

1人目がダメなら2人目。
2人目がダメなら3人目

モロッコでまさかの人材募集

ブログを探して体当たりスカウト

モロッコで仕事を始めた最初の1年間は、現地のモロッコ人の通訳を入れて仕事の交渉をしていました。

でも、それはなかなかうまくいきませんでした。なぜなら、現地の人には、日本の厳しい検品やお客様の感覚がわからなかったからです。

言葉の壁もありました。モロッコで腕のよい職人はアラビア語しか話さない。私はアラビア語はできない。

通訳の人に英語で説明するのですが、私の英語力では１００％は伝わらず四苦八苦しました。

そしてでき上がった商品は、サイズはバラバラ、色もバラバラ、納期は遅れる、数は足りない……。ちっとも指示通りに仕上がりません。

時間には遅れる、約束をすっぽかされる、何度も発狂しそうになりました。

ほんと、私は5分前どころか15分前行動が当たり前の人間だったので、「なんで約束守らないのぉーー。ギャーー！」みたいな感じでした。


――モロッコ人の感覚に任せていたら、日本で必要とされる商品が生み出せない。

――このままだと、日本での仕事がうまく回らなくなる。


そう思った私は現地に住んでいる日本人を探すことにしました。

きちんと仕事ができる、アラビア語が話せる日本人のしかも女性。

必要としている人材は明確でしたが、そういう人材がモロッコにいるのかどうかもわからず、どう探していいのかもわからない状況。モロッコで求人を出すわけにも行きません。当時はまだＳＮＳなどありませんでしたから、ブログを使って検索していくことにしました。


モロッコ在住でブログを書いている日本人女性を探したところ、10人ほどにたどり着きました。

私は、ブログのメッセージ機能を使ってメッセージを送り、通訳や取りまとめをしてくれる人を募りました。

そうすると、10人中10人が「やりたいです」という返事をくれたのです。その返事をもらったときは、本当に嬉しかった。何かしらの理由でモロッコに住み、「私がやりたいことを応援します」という人が10人もいた。それは思ってもみないことでしたし、それだけで、元気をもらいました。

その中でも一番に目に留まったのが、きちんとした文面、私の好きな言葉遣いで返事をくれた女性・ヌハ（本名・南奈保子）ちゃんでした。彼女は、モロッコ人の男性と結婚してイスラム教に改宗し、現地に住んでいましたが、夫との離婚を考えているところでした。

しかし、イスラム教では子どもは家のものという考え方です。離婚をすると、子どもは夫のほうに取られ、妻だった女性はというと、子どもを置いて日本に帰らなくてはならないことがほとんど。もともと、イスラム教の女性には限られた仕事しか与えられていない中で、異国の女性が現地の仕事を得て暮らし続けるのは非常に困難です。

サハラ砂漠から10時間かけて面接に

何が何でもよいパートナーを探さなくてはならない私と、子どもたちと一緒にモロッコで暮らすために、何が何でも仕事を見つけたい彼女との間には、同じくらいの熱量がありました。

すぐに会いにマラケシュに飛びました。
会ってみると、メールの文面と変わらずしっかりとした素敵な女性でした。
砂だらけの町で、ピッカピカに磨かれた黒のローファーを履いていたのが印象的でした。

「この人しかいない」

きっと、日本で求人を出したとしても、きっとこの人を取るだろうと思えるくらいに、私にはビビッときた女性だったのです。

しかし、彼女が当時住んでいたのはサハラ砂漠の近く。私が仕事をしているマラケシュからは、車で10時間もかかります。

でも、私はもう彼女と仕事をすると決め、彼女のためにあらゆる解決策を考えました。

「じゃあ、どうする?」

彼女のほうも、私と仕事をすると決め、夫と離婚しました。幸い、元夫は子どもを手放してくれたので、子どもたちと一緒にマラケシュに移り住むことができたのです。

おかげで私は、日本でも見つけられないような優秀なスタッフを手に入れることができました。彼女もモロッコにいながら日本の仕事ができるようになった。その関係は今も続いています。

「よくモロッコでスタッフを見つけることができましたね」と聞かれます。確かにたった一人でつてもなく、遥か1万2000キロかなたのモロッコでのスタッフ探しは困難に思えます。

でも、〝絶対に必要〟はすごいパワーを与えてくれるのです。

〝絶対に必要〟というパワー

ビジネスを始めたら、経営者

大切なスタッフを失ってわかったこと

原宿でモロッカンカフェを出してみたことがあります。そのときは、スタッフも増員。事務所で一番信頼していたスタッフを店長に就任させたのですが、それまでは事務所で朝から晩まで一緒に過ごして、何かあればすぐにフォローできていたことが、できなくなってしまい、それまでのツーカーでなんでもわかるようなよい関係がおかしくなってしまったことがあります。

もともと私は物事を何でもハキハキ、強めに言ってしまうところがあります。さらに、自分がやりたいことに向けていつも邁進しているので、かなりワンマン経営です。

それまでは、毎日フェイストｔｏフェイスで話ができる関係だったので、たとえ私が強い口調で話をしても「ああ、怒っているのではなく言い回しが強いだけだ」とわかってもらえていました。ところがカフェをスタッフに任せてから、毎日顔を会わせるわけではないのに、今までと同じような口調でやり取りをしてしまい、そのままフォローせずに放置してしまうようになりました。

日頃、怒ったときは、怒りっぱなしにせずにきちんと収拾させるようにしてきたのですが、傍にいないのにその後のフォローを怠ってしまいました。

結果、語気の強さも、私のキャラクターとして受け取ってもらえていたのが、そうはいかなくなり、結局、相手も心が折れてしまって、辞めてしまうことに。

私は大切なスタッフを失ったのでした。

そのときは、自分の不甲斐なさにガックリしました。
でも、あのときの痛みは私を成長させてくれたと思っています。

大阪に店舗を出したときも、遠隔でうまく現場を動かせずにやはり3年で撤退することになりました。私には、顔を突き合わせてしっかりコミュニケーションが取れない仕事は、無理なのだと悟りました。

そもそも、自分が思った通りのことを思った通りにやりたい、という理由で立ち上げた会社ですから、自分の目が届かないということ自体が私のやり方に合っていなかったのだと思います。

ワンマン女社長でもいい

女性が好きを仕事にしたい、形にしたいなら、やっぱり、自分の目が届く範囲で進めていくことが大切だと思います。男性の起業のように、マニュアルを伝えて広げていく経営は向かないと思うのです。それはもしかしたら女性の感性特有のものかもしれません。

また、人に過度に期待しないことも大切だと実感しています。

だから私は、どう動いて欲しいのかは、スタッフに細かく伝えるようにしています。また、お願いしたことが叶わないときも、必ず、代替案をいくつか考えてきてもらうようにしています。お願いして「できませんでした」では、先に進みませんが、次の手を自分で考えてもらうことによって、私が考えつかないアイデアを持ってきてくれることもあるからです。

とはいえ、相手は自分ではありませんから、すべて私の思ったようにいくわけがありません。昔はよく、なんでできないの？　とか言っていましたね。ワンマンなんで……。

でも最近は少し成長したのか、「この人にできることはなんだろうか？」と考えるようになりました。

ワンマン経営は、女性には向いている経営だとは思いますが、人に動いてもらう必要があるときは、相手の視点を忘れないようにすることも大切。私はそれが苦手だったから、随分回り道をしましたし、失った人材も多いのです。

今でも「私も随分丸くなったのよ」と言いながら、たまに言いすぎて反省しながら、人との関わりをいまだ勉強中です。いつまでたっても人は学ぶことがあるし、完璧にはなれません。でも、できていないことがあるからこそ、謙虚であることが大事なのです。相手のできないところだけを見て、糾弾するよりも、自分のできないところを確認しながら学ぶ姿勢を持つことのほうが美しいですね。

私にできないこと、を知っておく

〝ずる〟はしない

〝好き〟だからこそピカピカでいてほしい

やりたいことがうまくいくまでには、近道はないって思っています。

「急がば回れ」って言いますが、これは本当にそう。石の上にも三年。いくらせっかちな私でも、この言葉はその通り。

ゆっくりと地固めに時間をかけて丁寧に育てたものこそが、その先息長く続けていけるのだと信じています。

そして「おいしい話」や「近道」にはいろんな落とし穴やずるいことが組み込まれていたりもします。

私の場合もいろいろありました。
ファティマ モロッコを始めて1年くらいたったころ、ある有名百貨店から突然会いたいと連絡がきました。内容は、その百貨店の1階のバッグコーナーにファティマ モロッコを取り扱いたいと。

「え？ なんで名の知れないうちが、あの有名百貨店の1階に？」

よくよく話を聞いてみると、その百貨店が力を入れているデザイナー5人のデザインで、翌年の夏にカゴバッグを打ち出すのでコラボしてください、との話。

コラボといえば聞こえはいいですが、ようするにデザイナーさんの下請け工場になってくれとのこと。さらにファティマ モロッコの名前は隠して、工場として彼らの作りたいカゴバッグを作ってくださいと……。

大量の、今まで経験したことのないような数のオーダーをしますよ。おたくにとっても良い話では、とそのバイヤーさんは当たり前のように言うのです。

確かにすごい数のオーダー。

しかもその有名デザイナーさんたちの名があるので、ファティマ モロッコの値段より3倍も4倍も高く売れると。

もちろん即決でお断りしました。

確かにその時のうちの経済状況は苦しくて、自転車操業の真っただ中でした。この話を受けたら、きっと楽になっていたでしょう。

でも、なんの迷いもなくお断りです。こんな近道ならいらないし、これで会社が軌道に乗ってもうれしくない。

当時はカゴブーム。どこのメーカーもカゴを作りたいけど、もうアジアのカゴはおなか一杯で、モロッコのカゴを作りたい。でもルートがないから話を持ってくるアパレルメーカーが何社もありました。ファティマ モロッコのカゴはいらないけど、うちのオリジナルを作ってほしい。数もたくさんオーダーするし、価格は高くても大丈夫という話ばかりでした。

こういう話がくるたびにプライドは傷つきました。だからこそ強がりもマックスで（笑）、片っ端から断り続けました。

おかげで、3年間は本当にやりくりがきつかった……。

でも私の大事なファティマ モロッコの顔を隠してまで売り上げを作ることはしなかったので、心は晴れ晴れしていましたよ。

とても頑固で意固地ですが、私は絶対に近道やずるはしません。

なぜなら、自分の〝好き〟はいつもピカピカでいたいから。


自分が大切に育てた商品やブランドを知ってほしい、それで生活できるくらいには軌道に乗せたいと思うのは当然。

でも一番大事なのは、お金儲けや近道して有名になることではなく、自分の〝好き〟を貫くこと。要領が悪く見えたり、どんくさく思えるかもしれませんが、結局、正直が一番の近道です。

正直が一番の近道

トラブルは起きたときの対応がすべて

避けては通れない

ファティマ モロッコを始めてから、想定外の、自分ではどうにもできない類のトラブルを何回か経験しました。モロッコのアトリエでのカゴバッグの製作の際に異物が混ざってしまったことがあったのです。その納品先が元職場。相手先の部長、実は私の元部下でした。頭を下げる私とそれを受ける彼。お互いバツの悪いことといったら。

発注したサイズと全然違うものが仕上がってくることは、モロッコでは頻繁に発生します。これらの問題は事前検品で回避できますが、たまに想定外の問題発生も。

こういうトラブルが起きたときは慌ててお詫びに伺い、問題の程度によっては始末書を提出することもあるのですが、気をつけているのはとにかく、一秒でも早く駆けつけること。

言い訳は禁物。逃げてもダメ。嘘はつかない。どうしても起きてしまうトラブルというのは、トラブルが起きたときの対応がすべて。

自分でビジネスを始めた人に伝えたいことは「絶対に言い訳はＮＧ」。失敗したときに「あれは、……のせいで」なんて言わず、「ごめんなさい」って素直に言えること。嘘やごまかしは自分をがんじがらめにし、動けなくさせてしまいます。自分が好きなものに対しては、とにかく正直でいることが大切なのです。

今では「ファティマ モロッコさんは、何か問題があったときの対応がどこよりも早い」なんて言われるくらいになりました。そもそもトラブルがあってはいけないし、褒められた話でもないのですが、すべてのトラブルや失敗をゼロにするのは無理。ならば、起きてしまったときにどうするか。

その都度誠意を持って対処していくことが大切だと思っています。

ヒヤッとした瞬間も、たくさんあります。２０１０年の4月は、忘れもしない、アイスランドの火山の噴火による交通麻痺が発生。ヨーロッパのほとんどの空港が封鎖され、２トンの大きなコンテナに入ったカゴバッグたちが、行方不明になるという事態に。中身はすべて、セレクトショップへの納入が決まっている商品。「間に合わなかったらどうしよう」「型崩れしたらどうしよう」「雨に打たれたらどうしよう」と心配で仕方がありませんでした。

しかも、夏のカゴバッグの納品はゴールデンウイーク前に完了しなくてはなりません。遅れれば上代保証が発生するか、その商品自体を引き取ってもらえなくなるのです。

夜中に目が覚めては飛行機の運航状況を調べ、朝になればお客様にお電話をして状況を説明し、さすがにこのときは、もともと高めだった血圧が１８０を超えて倒れてしまい、病院に運ばれました。結局は、どうにかギリギリ間に合い、スタッフやアルバイト総勢20名で、徹夜でタグ付けや検品をしてなんとか乗り切ることができました。

もちろん、これほど大きなトラブルは滅多に起きるものではありませんが、それでも、一度体験して乗り切ることができると、大抵のことは、なんとかなるのだと思えるようになるから不思議です。

トラブルも心配も、すべて好きなことをやっていく上で共存していくもの。まったくリスクのないビジネスも人生もないと思います。

「慣れ」は禁物

ただ、「慣れ」は禁物。トラブルや失敗も数を重ねると対応の仕方はわかってくるものの、慣れてしまうと、対処がおざなりになりやすいのです。そうすると信頼を失うことにもなりかねません。

緊張感と謙虚さは失わないように。

Part 3

「好き」と生きる

わがままは自分軸の太さ

年を取ったら自然とわがままになれる

「好きなことを仕事にできる人ってどんな人ですか？」

と聞かれたら、まずは「好きなことがある人」と即答してしまう私ですが、好きなことを仕事にできる性格は？　と問われたら、うーん、どうでしょう。私みたいな人間ですかね。たぶん。

では、私がどんな人間かというと

・とにかくせっかち
・失敗が多い
・自分勝手
・わがまま

・自分がやりたいようにやりたい
・人からの評価を気にしない
・曲がったことが嫌い

好きなことを、時間を無駄にせず、人の目を気にせず、自分がやりたいことを、やりたいようにやる人、ということですかね（かなりわがまま！）。

自分軸はかなり太く持っています。

自分軸とは言い換えれば〝わがまま〟。

女性は年を取るほどわがままで自分勝手になる。おばちゃんになるにつれ、人目を気にしなくなったり、遠慮がなくなったり、わがままになるでしょう？　あれが自分軸。自分軸って年を取るほど太く強くなるんです。50歳超えたら、誰もがかなり太くなってきますよ！

つまり、女性が好きなことを仕事するための条件は、ビジネスの経験があるとか、マーケティングの能力があるとか、ビジネススクールを出ているとか、一般的に言われていることとはあまり関係がないということです。

もっと言えば、育児でしばらく社会から離れていた人も、リタイヤして現役ではないという人も、フリーターで会社勤務経験がなくても、そこから大逆転人生を歩めるとしたら好きなことをやる以外にないとすら思います。

あとは、仕事に追われるのではなく、自分の時間をただ消費されるのでもなく、好きなことをする人生を選ぶかどうか。そこに必要なのは、行動力と太い自分軸。

ビジネスはお勉強より自分軸

「ファティマ モロッコ どこで買える」の落とし穴

自信とうぬぼれは違う

好きなことを思いっきりやっていると、やりたいことが急にうまくいきはじめる時期がきます。それは「石の上にも3年」が終わったあたりかもしれない。ゆるゆると右肩上がりで少しずつ順調に進んでいっていた事業が、ある日、弾けるかのように突然表に出ていくときがあるのです。

でも、それは、ある種バブルと同じ。

そのときこそ、自分の身の丈をしっかりと考えて行動することが大切です。

ファティマ モロッコのカゴたちも、何度かブームになり、売れに売れまくったことがあります。

「カゴ」がトレンドだった数年前、ファティマ モロッコのカゴバッグが数々のファッション誌に取り上げてもらえるようになりました。

本屋さんに行くと、ほとんどのファッション誌にはファティマが掲載されていました。

また、渋谷や新宿や銀座のファッションビルには、ほとんどのセレクトショップにファティマ モロッコのカゴバッグが展開されていました。

「ファティマ祭り」ですね、って言われたことも何度も。

その後も、韓国のインフルエンサーがファティマ モロッコのカゴバッグをSNSで紹介してくれたことで、あちらの検索サイトで「ファティマ モロッコ どこで買える?」がトップに。

韓国の人気アイドルが持ってくれたことで、ブームになったのです。1万個の発注がきて、サムソンやヒュンダイから取引の依頼を受けたときも、私は冷静に状況を俯瞰していました。ファッション業界にいたこともあり「ブームはブーム。延々とは続かない」と思っていました。大きな波が来たら、必ず、その波の大きさだけ落ち込むのだとわかっていたので、とにかく舞い上がらず冷静に受け止めようと努めました。

そして、もしここで調子に乗って後先考えずにオーダーを取りまくったとしたら、まずモロッコで職人の数を大幅に増員しなければならない。そしてブームが落ち着いたら職人を減らさなければならない。そんな無責任なことはできません。

結果予想通りに、ブームはいとも簡単に2年であっさりと終わりましたが、想定内でしたので、困ることはありませんでした。

ちやほやされて、つい……

そうやって謙虚に慎重に、石橋を叩きながらやってきたつもりではありましたが、急上昇するときというのは、どんな人にも、魔物が取りつくのです。

自分では決して調子には乗っていないつもりでしたが、ちやほやされてやっぱり調子に乗ってしまっていたのです。

それまでは、純粋に、モロッコ雑貨を広めること、ファティマ モロッコを世に出すこと、に夢中でいたのですが、大ヒットすると、変な自信がついてしまっていたのですね。

恥ずかしいけれど……。

自分が誰よりもモロッコを知っているという自負が、妙な自信になって、自分以外の人がモロッコのことを語るとき「それ、違うから！」なんて否定的になったりしたこともありました。

また、オリジナルのオーガニックコスメブランドフルールドファティマを立ち上げたときなどは、新規事業に燃えていて、「フルールドファティマを一番いい位置に置いてください」などと図々しく店側にお願いしたりして「大原さん、堂々としていてください。モロッコといえばファティマさんだって皆思っていますから」とたしなめられたこともありました。

あたかも、モロッコは、自分の専売特許だとでもいうかのような自分がいました。でもその後で「あ、この自分嫌だな、かっこ悪い！」と思い、猛反省しましたよ。自信はうぬぼれとは違うのです。

ワンマン経営の自分には、意見を言ってくれる人は少ない。その上、人の意見をあまり聞かないので、裸の王様にもなりやすい。落とし穴ですね。
だからこそ自分の言動は、自分で都度都度振り返って確認することが大事。
「私って大丈夫？」「私調子に乗ってない？」って。

そもそも、モロッコをもっと日本に広めたい、知ってもらいたいのであれば、多くの人がモロッコに関わるほうが、ずっと楽しいし、素敵なことが起きる。
そういう余裕と立ち位置を目指すほうが、結果的に市場の規模を広げていくことにつながります。ファティマ　モロッコが広がっていくのは、モロッコが知られていくのと同義語だから。

調子がよくても、調子に乗るな

40歳超えたら〝金力〟より〝筋力〟

誰もが通る更年期との闘い

私は１年のうち１００日近くをモロッコで過ごしています。

２か月に１度、今も恋するあの地へ飛ぶのですが、この生活を支えてくれているのが自分の体力とモチベーション。心身ともに健康でいることを常に意識しています。

モロッコに行くとき、飛行機に乗ったら臨戦態勢で熟睡（？）の準備。映画は見ないし、本も読みません。途中でお腹が空いたら、日本から持ち込んだおにぎりを食べたりしてとにかく自分のペース。だから、機内食も食べず、起きたらフランスに到着している状態。

パリのシャルル・ド・ゴール空港についたら、空港の先の地平線から昇ってくる朝日を見ながらコーヒーを飲んで、それからモロッコへ。今はパリ～マラケシュ間の便ができ、メディナに行くのもずいぶん楽になりましたが、以前はカサブランカからマラケシュに入っていましたから、日本からの移動時間はまるっと24時間でした。

マラケシュ空港に到着したら、ゆっくり休んで時差ボケを取る……なんて、まずありえません。現地スタッフの日本人女性・ヌハちゃんに迎えに来てもらって早速メディナへ直行。私の現地での仕事が始まります。

まずは、国が立ち上げた伝統工芸館にいる職人さんたちのところへ直行し、作業の要の館の代表を務める、通称「父ちゃん」（本名アハメッド）に、日本で確認していたサンプルの直しが、どう上がってきているのかなどをチェックしたり、新しいデザインの相談をしたり。

父ちゃんとの打ち合わせが終わったら、迷路のようなメディナの石畳をロバやバイクをすり抜けながら早足で歩いて、バブーシュのデザインの確認や、雑貨の卸し屋さんなどを回って仕入れる品の確認を行っていきます。

滞在している2〜3週間で、器や絨毯の買い付けに遠方へ出かけたり、職人さんたちとやりとりをしたりと、とにかく仕事づけ。もちろん、合間にバカンスにも出かけたり、ハマム（モロッコ式アカスリサウナ）で疲れを取ることもありますが、常に右腕のヌハちゃんと一緒にフル稼働しているのです。

モロッコでは毎日2万歩生活

マラケシュの夏はとにかく暑いし、乾燥しています。そして時差もある。

冬は寒く、夜にはマイナスになることも。日中との寒暖の差が激しいので、風邪をひきやすい。

日本と同じコンディションで働くには、それなりのケアが必要です。

幸い、マラケシュではヌハちゃんの自宅に滞在しているので、朝ごはんのおにぎりと味噌汁で胃の調子を整えつつ、暑さや寒さに負けないようにしています。

40代で起業した私が思うのは、起業するのに必要なのはお金よりも体力。そして筋力です。

私たちの主な仕事場はマラケシュのメディナ。車が通れないところがほとんどです。

なので移動はすべて徒歩。

東京でも日頃歩くようにしていますが、意識して歩いてもせいぜい1万歩。でもここマラケシュでは毎日が2万歩。

だからヌハちゃんの体力・筋力は半端でない強さです。

私もモロッコに来るたびに足腰が鍛えられます。

健康な体は、健康な考えをもたらします。

ただでさえ50代の女性は体の悩みが必ず何かしら出てきます。

更年期は程度の差はあれ、付き合っていかなくてはなりません。私も、モロッコへの渡航中のあるとき、突然飛行機のシートが熱くて熱くて、背中に火がついているのかと思うことがあったり、かと思えばたいして暑くもないのに突然首から上に大量の汗をかくことがあったり。ホットフラッシュで大変な思いをしました。

その時期、どう乗り切るのかはとても大事です。

精神面での揺れ、ひどい人は鬱になりやすい時期でもあるので、自分の体質や状態に合わせてケアが必要です。

私の場合は、漢方薬が効いたので、その時期を乗り越えることができました。そして、自分の不調と折り合いをつけながらも、やりたいことに向かえるようになったのです。

モロッコのヌハちゃんには「あなたも10年後にはこういう状態になるから、よく覚えておいて」なんて言いましたが、周辺に更年期の女性がいるのであれば、その方がどうやって今の状態を乗り越えていらっしゃるのか、しっかり見ておきましょう。

誰もが皆通る道です。

もしもあなたがまだ20代、30代なら今持っている体力で思う存分突っ走り、そして、あなたが40代50代なら、夢を追いかけるためにまずは体力をつけて。

――金よりも筋。

体力が一番大事。
これが、私が声を大にして言いたいことです。

夢に向かって走りたいなら、筋力を

早起きは最高のメンテナンス

今さらですが、朝型？　夜型？

私が、好きなことを続けていくために大切なことの一つに、朝早く起きるということがあります。早起きは三文の徳と言いますが、これって、本当にそう。

それに気づいたのは中学生の頃だったと思います。周囲の子たちが一夜漬けで試験勉強をしているのを真似しても、私の頭には全然入ってこない。でも、朝勉強すると格段に覚えられる。

体感としては3倍の記憶力。私にとっての朝の1時間は夜の3時間。なら、私は朝やろうと思いました。

それ以降は朝型です。もちろん、夜型で夜ならいつまでも起きてバリバリ活動できる、という人もいますから、大切なのは自分が一番活動できる時間帯、朝型なのか、夜型なのかを把握しておくということ。自分の活動がピークのときにいかに動くか、それがわかると、パフォーマンスも格段に上がりますし、延々とやっても終わらない、なんてこともない。だから疲れにくいし、効率もいい。

私は毎朝5時に起きます。日本にいてもモロッコにいても。

起きてすぐ、まずはモロッコのヌハちゃんと電話でミーティング。日本の朝5時はモロッコの夜9時。今日一日の仕事の報告と翌日の仕事の確認。そのあとに子どもの話（笑）。

終わったら家事をして、時に夕飯の準備や、ジムで体を動かすこともあります。

そして自宅から、会社のある表参道まで、バスと歩きで向かいます。歩いている人たちのファッションチェックをしたり、季節を感じながら歩くのも楽しみの一つです。

朝早く起きて、自分自身のメンテナンスをしっかりして、体力を維持すること。これができていれば、いつでも健やかな心と身体で仕事に向かうことができます。

始業時間が10時なので、朝5時に起きていれば、家を出るまでの間に大半のことが片付いてしまう。急ぎの仕事があれば始業時間よりも早く会社に行って、スタッフが来るまでに終わらせてしまう。

そのためには、オンとオフをきちんと作ることが大切。がっつり仕事をして、きちんと休む。長時間働けばいいってものじゃない。

私にとってオフタイムは、夕方18時から寝るまでの間。家に帰ってから、大好きなお酒を飲みながら過ごす時間だけは、仕事のことを忘れます。もちろん、大好きなモロッコ雑貨に囲まれた部屋で過ごしてはいるので心地はいいですし、たまには気の合う友人と食事にいくことも。でも深夜までは飲みません。

体の疲れと肌の再生を促してくれるとされている22時から0時のゴールデンタイムには必ず、ベッドに入るんです。この積み重ねこそが最強のアンチエイジング、40代以降はもの凄く顔や体に差が出てきます。どんなエステに行くより良質の睡眠です！

それから夜は魔物がいます。

仕事の問題を抱えているときや何か悩みがあるときなどは特に、夜考え事をすると大抵うまくいきません。大したことがないことでも、夜考えると何倍も重たく感じます。だから、夜は完全に自分をオフにします。メールも電話も夜はしない。したところで、翌日絶対後悔する。だから夜の数時間は絶対に仕事のことを考えないようにしています。

自分のベストタイムを知る

嫉妬は使い方で特効薬に

素直な「きゃー悔しい！」を大切に

嫉妬っていう言葉は、あまり世の中では好かれない言葉のように思います。

でも、私は、嫉妬心って向上心でもあると思っています。

自分がやりたかったことをすでにやっている人、自分よりも先にできてしまった人に嫉妬してしまうこと、私にもありました。

例えば、アパレルのお店で同期が初めて店長になったとき。「きゃー悔しい、先を越された！」って思ったけどだからといって、嫉妬心をメラメラと燃やしたり、ネガティブな気持ちにはなりませんでした。

ただ、「いいな、私もああなりたい」という気持ちは強くなり、自分なりに頑張った記憶があります。

また、起業してからも、同じ世代の女性が素敵なブランドを立ち上げているのを見ると「きゃー悔しい！」って素直に思います。私にはできない素敵なことをやっている姿を見ると、やっぱり悔しいし、でも「ああ、でも、さすがだな」と思います。嫉妬がやりたいことに向かうための、よい刺激になっている。

とはいえ、同じことをやるつもりも、やれる能力もないし、私には私の道があるので、それを淡々と進むだけなのですが、嫉妬心、ライバル心のようなものは、あったほうが絶対にいいと思っています。それは確実に、自分を前に進ませてくれる大きな力になるからです。

ただし、この嫉妬心、使い方を間違えると非常に厄介で、大失敗の元に。

使い方、というのはどういう意味かというと、嫉妬は、自分を発奮させるための起爆剤には最適でも、人を攻撃する材料にしてはならないということ。

私がファティマ モロッコを始めた頃、日本にモロッコのアイテムを輸入して販売していたのは、3社ほどでした。みなさん私よりも6、7年早くに始めた先駆けです。

そのうちの1社が私よりも先に、私が営業に行った先のショップにモロッコ雑貨を卸していました。私は、そのことを知った上で、その店に自分の商品を持ち込みました。

「私はモロッコでオリジナル雑貨を作っています。ぜひ、うちの商品もご提案させていただけないでしょうか」と売り込んで、いくつかだけ納品させてもらったのです。

こうして、ファティマ モロッコの商品は、その店に、以前から卸されているメーカーさんの商品がズラリと並ぶ中に、ちょこんと端っこに置いてもらうことになりました。私は大満足でしたが、不満を持ったのが、以前からモロッコ雑貨を卸しているメーカーさんでした。

「他のモロッコ雑貨は置かないでほしい。外してほしい」

店側にそう申し入れされたようでした。

どうなったかというと、その後しばらくして、そのメーカーさんの商品は店頭から消えて、うちの商品だけが並ぶことになりました。

私はそのことを少し残念に思いました。

他のメーカーの商品を否定するやり方に、バイヤーさんは納得いかなかったようでした。

もちろん、どのメーカーも、自分が作った商品に、めちゃくちゃ自信を持っています。自分の可愛い子たちを、世の中に出したい。たくさんお店に置いてもらいたい。そのために営業をするし、頑張っているのは同じです。

メーカー同士、それぞれプライドがあって嫉妬心でメラメラと燃え上がっていてもいいし、それをバネにしてもいい。でも、相手を攻撃してはいけません。

嫉妬心は、外に向けてはダメなのです。

恋愛するときと同じ。大好きな男性がいて、同じ男性を好きな女性がいたとします。でも、嫉妬心でもう一人の女性を攻撃したり、その女性の悪口を好きな男性に吹聴したりするよりは、その嫉妬心で自分を磨いて、綺麗になることのほうがずっと大切です。

人に向けたら攻撃、自分に向けたら向上心

女性支援なんてきれいごとじゃない

異国、異文化での女性の生き方

モロッコはイスラム教の国です。男女の役割分担が明確。例えば、バブーシュだと革のカットや縫製は男性、刺繍などの細工を施すのが女性の仕事で、男女が同じ部屋で仕事を行うことは一切ありませんし、仕事のトップに立つのは男性です。

新しい世代には、キャリアウーマン、社会活動家、政治家、経営者、一家の大黒柱など、活躍している女性もいますが、私たちが一緒に仕事をしているメディナ（旧市街）には、古き伝統がそのまま残っています。

仕事は女性にも与えられていますが、その対価はツケにされて支払われないことも少なくありません。

また、モロッコは一夫多妻制でもありますが、今では離婚大国でもあります。

離婚調停を扱う裁判所は各地、連日長蛇の列をなしています。

そして、夫に離婚されてしまった女性や、夫が全く働かずに苦労している女性が山のようにいるのです。そんな彼女たちは生きるために、内職などをして一生懸命働いています。


女性たちの手仕事の腕は一級品で、中にはラグジュアリーメゾンのアパレルに携わっていた女性もいます。

私は、モロッコでバブーシュやカゴバッグを作りながら、少しずつ、女性で高い技術を持つ職人さんと出会い、製作を依頼し、今は、信頼できる女性たちが仕事をするための工房を作りました。対価は、直接現金でお支払いしています。


この話をすると「女性支援をされているのですね」と言われたり、それについて取材をしたいと言われたりすることも多々ありますが、正直言ってちょっと抵抗を感じます。

私はモロッコの女性たちと、一緒に仕事をして、一緒に豊かになっていくことを目指しているのであって、私が一方的に上から目線で助けているのではありません。

あくまでも、一緒に働く人間として、共にｗｉｎ―ｗｉｎの良好な関係を築いています。

彼女たちから見れば私は雇用主で、私から見れば、彼女たちは従業員ではありますが、彼女たちは私の思い描く商品を見事に仕上げてくれる大切な仲間でもあるのです。

もちろん、イスラム圏の女性たちが抱えている問題は根深いものがあります。ただ、歴史や文化が違う中で一方的に、「かわいそう」という視線を向けるべきではないし、それは失礼だと思う。

それに、もしかしたら、相手から見たら、毎日あくせく働いて、時間に追われて、約束にがんじがらめになっている日本人の私たちのほうがかわいそうと思われているかもしれません。

それよりも、私がモロッコで仕事をしていく以上は、関わる女性たち、日本人もモロッコ人もすべての人に幸せでいてほしいし、私も幸せでいたい。

そして一緒に成功していきたいと思う。この気持ちは常に持っています。

お互いがかけがえのない存在になればいい

経営者って本当に孤独だった！

最高のスタッフに囲まれても、〝私〟が責任者

私がいくら、仕事もプライベートもモロッコづくしだとしても、明確に線引きをしていることがあります。それは、プライベートと仕事の関係です。

これは、仕事の関係者のほうが、心理的距離があるとか、プライベートの人間関係のほうが近いという意味ではありません。どちらも人間関係としては非常に大事にしていることに変わりはありません。

モロッコの現地スタッフのヌハちゃんは、現地を取りまとめてくれている日本人女性。ブログで見つけて、一緒に仕事を始めて13年が経ちました。

いまでは信頼関係も厚く現地に入るときは彼女の家に滞在しています。また彼女も年１回の帰省の際には、数日間は我が家で過ごします。

公私ともに様々なことを話しますし、姉と妹のような関係です。彼女の３人の

子どもたちも幼い頃、または生まれたときから知っているので、第二の母のような関係です。毎年夏休みに子ども一人旅で来日するときは、私の家に泊まりますから、家族同然の関係ですね。

でも、だからといって、彼女との一番の関係は仕事上の上司と部下。

それを、お互いに認識しているからこそ、よりよい関係が作れているのです。

時折、女性同士で仕事をするとうまく行かない、という話を聞くことがありますが、これは、上下関係のない友人同士で事業を立ち上げた場合のことだと思います。

対等な人間が2人いると、女性はとにかく仕事がしづらくなります。

女性は、もともとコミュニケーション能力の高い生き物ですが、仕事をする上では、明確な上下関係がないと、お互い自分の思いを主張しすぎて、本来できることもうまく進まなくなっていきます。

特に、女性って仲良くなると互いの境界線を越えやすいので、仕事をするときはかなり明確に意識しているくらいがちょうどいい。それが、本当の意味で親密な関係を生み出すのだと思っています。

つまり、どんなに信頼関係の厚いヌハちゃんと姉妹のような間柄であっても上司と部下。

社長である私がすべて決めて、すべての責任を取ります。

当たり前のことですが。

信頼し、大好きだからこそ、線引き

打算で友達を作らない

自分の価値観を大事にすることが、よい友人に導く

私には、学生時代から続く友人というのはほとんどいません。それよりも、大人になってからできた友人のほうが圧倒的に多いし、一緒にいても楽しい。なぜなら、価値観が合うから。

幼い頃からの友人や、学生時代の友人というのは、まだ自分の価値観に沿った生き方をする前に生まれた友人関係。大人になるに従って、選んだ仕事や結婚、育児、それぞれのタイミングがずれ始め、会話が合わなくなるということも少なくありません。

一方、大人になってからできる友人というのは、ある程度価値観が固まってから出会うもの。そして、経済的にも同じ感覚で話せる人が集まりますから、「今度あの国に行こう」って言ったときにすぐに一緒に行けるのも気に入っています。

また、そうやって一緒に旅行に行った先でも、「私、あそこに行きたいから別行動ね」と言える関係。実際、先日インドへ友人たちと旅行に出た際も、私一人、別行動の日を作って見たいものを見に出かけました。それだけ気兼ねをしない友人関係ですが、私は仕事の話を友人にはしません。

もし相談して親身に相談に乗ってくれたとしても、「それって大丈夫なの？」「辞めといたら？」と言われて、「そうだよね。じゃあ、辞めるね」とはならないからです。

また、女性が女性に何かを相談する場合の多くは、どうしたいのかは決まっていて背中を押して欲しかったり、止めて欲しかったり、結局は、思ったような答えが欲しいという場合がほとんど。

相談に乗るときも、こちらが親身になってアドバイスしたにもかかわらず、「あなたはそう言うけれど」と、話がこじれてしまったり。話の多くが愚痴だった、という経験も少なくないのではないでしょうか。

それよりも、女同士の友人関係は、同じ「好き」を共有して、食べたり、遊んだり、楽しむことを中心にしたほうが、人生をより楽しく過ごせるように思います。

そして、打算で人間関係を構築しようと思わないこと。いくら、今やりたいことに直結している人がいるからといって、関わっていてしんどい相手とは、絶対に友人にはなれません。

友達は、あくまでも利害関係がなく、気を遣わずにプライベートを一緒に楽しめる関係。裸の付き合いができる関係です。

大人になってからのそういう友人たちとの関係は、生涯続くのだと思っています。

一緒にいてしんどい人とは付き合わない

女は強いんです

ちゃっかり者でいい

せっかく女性に生まれてきたからには、いくつになっても女性をとことん楽しむ人生を送りたいと思っています。

そしてやっぱり、それぞれの性の特性は活かしたほうがいいと思っています。

たとえば、男性には力があってほしいし、強くあってほしい。

女性に生まれたら気遣いができたほうがよいし、可愛くあってほしいと思っています。

それって別に差別ではなくて、それぞれの特性があると思っているのです。せっかく女性に生まれたのなら、気が利くほうが可愛い。せっかく男性に生まれたのなら力持ちであってほしい。それがベースだと思っています。

「私、何でも自分でできるわ！」。男性と肩を並べて「私ビジネスしてます！」「男になんて負けないわ」なんて頑張る必要ないのです。

「ごめんねー、私、力ないから」って、荷物を持ってもらうほうが絶対に可愛い。

それがもし自分のほうが絶対に力あるだろうなと思ったって、甘えちゃう。


　これって色気むんむんのおばさん女子力とは違います。

なんていうか、女って強い。「えー、こんな重い荷物持てない（しょぼん）」って人でも、旅行先では「一体その力どこから出てきたの？」って思うほど、お土産パンパンに入ったスーツケース引きずってどこでも行っちゃうみたいな。


　ほんと、女ってちゃっかりしてる。

だから、強いんです。


「やっぱり、こっち！」「やっぱり、辞めたー」って、みんな自由すぎる。

でも、そんなわがままで奔放な自分勝手さは、年齢を重ねた女だからこその強さでもある。まあ、みんないろんな山を乗り越えてきたから、強くなってきたんです。

芯の強さを持ちながらも、60代になろうと、70代になろうと、私は可愛らしく、心がチャーミングな女性でいたい。

本当は強いんですけど、可愛くいたい。

だって、私、女だから

55歳の私の武器は「若さ！」

輝いている女性の共通点って？

年齢を重ねた人の顔を見ると、なんとなくその人の生き様が想像できる、ということってありませんか？　目元が優しい方はやっぱり穏やかだったり、口がへの字に曲がっている方はとても頑固だったり、眉間にしわが寄ってたりする人は文句ばかりだったり。人相のプロでなくとも、見分けがついてしまう。

だから、ちょっとこの人なんとなく苦手だな……と思うと近寄らなくなってしまう。

これは、自分から相手に対してだけでなく、相手からも、自分がどういう顔をしているのかを見られているのだということ。

ココ・シャネルの名言に「20歳の顔は自然からの贈り物。50歳の顔はあなた自身の功績」というものがありますが、持って生まれた顔の造形で、美しさを語れるのは30代まで。30歳までは、美人に生まれたら確かにお得な人生かもしれない。でも、40、50歳になったら、顔の造形は関係がなくなってきます。むしろ、すごい美人でも、意地悪なことばっかりしていたら、意地悪なシワが入るし、嘘ばっかりついていたら口に歪みが出てくる。

持ち前の容姿で勝負できるのはせいぜい40歳まで。50歳になったとき、その人の本当の顔が現れると思ってください。

周囲を見ていても、好きなことをやって輝いている50代は、やっぱり顔も輝いていて本当に美しいし、はつらつとしています。しわもしみも勲章にさえ見える。そして、皆やっぱり、ずっと好きなことを続けるために、睡眠はきちんと取るし、体力を落とさないために努力していたりします。

よい顔をしている人は、やっぱり、好きなことに囲まれている人、前を向いている人、そして足るを知る人。

あれもこれも欲しがりません。自分の好きなモノ、欲しいモノをよく知っているからです。

そして。毎日を楽しく過ごしているから、いつも笑顔で口角は上がっている。素敵な人には、周りに素敵な人が寄ってきます。

素敵の連鎖です。


女性は何歳になっても女性。好きなことに敏感で、貪欲。

最近、年齢を重ねた女性ほど「自分の好きなことをやりたいの」と目をキラキラさせているような気がします。それを見ながら「やっぱり女性はそうでなくっちゃね」と思います。


おばあちゃんになったから、諦めなきゃいけないことなんてないはず。

てか、おばあちゃんっていくつから?

いくつになっても素敵な恋をしたっていいし、老人ホームでビジネスをはじめたっていいわけだから。私おばあちゃん、なんて言っている場合ではありません。

私の周りには60代、70代の素敵な女性の先輩がたくさんいます。

それはそれはお美しい方ばかりです。時々、そのエネルギーを感じたくて、パワーをもらいたくてご飯をご一緒させていただくのですが、そのときにいつも言われる言葉があります。


「あなたの武器は、若さよ！」


そう、私から見れば30代、40代ってとても若くて、今から何でもできるわよって言いたくなりますが、それと同じことを、50代の私は、60代、70代の美しい先輩方から言われるわけです。

自分ではもう50代、と思っても、70代で現役で社長されている女性からすると、50代はまだまだ若者。30代なんて子どもみたいなもの。

美しき70代に到達するまでに、まだまだ時間がある私たち。

60代70代の素敵なお姉さんたちには「後ろをしっかりついていきます」と言いたいです。

30、40代には「背中を見せるからついてきて」と言いたい。
そして、そう言うからには、ぴんと背筋の通った背中で居続けたい。

何かを成し遂げて輝いている50代が自分の体験を伝え始めているのを見て、そういう人生の段階に入ってきたのか、と感慨深いものがありますが、私も、私なりに背中を見せて、次の世代の人たちに伝えていきたいと思います。

50代なんてまだまだひよっ子

あとがき――美しい70代を目指して

私の「好き」はモロッコ。

初めて出会った「好き」27歳。
初めて触れた「好き」36歳。
初めて仕事にした「好き」42歳。

そして今55歳。あれから28年、いまだその「好き」は続いています。
私の人生で一番長続きしている「好き」は、これからもまだまだ続きそうです。

かっこ悪かったり、失敗したり、いろんなことがありました。
でも恥じたことは一度もない。辞めようと思ったことも一度もない。
だって自分の選んだ「好き」だから。

「好き」は無限のパワーを与えてくれる。

時には、根拠のない自信をもたらしてくれる。


ブログから探したヌハちゃん、初めてマラケシュで会ったとき、「大船に乗ったつもりで付いてきてほしい。船がもしボロボロになっても沈没することはないから安心して」

と、プロポーズさながらのセリフを恥ずかしげもなく言い切った私の自信。

なんの根拠もありませんでした。


今では、なんであんな大きなこと言えたのかも思い出せないほど（笑）。

とにかく何が何でも彼女とスタートしたかった。


そして、私がどこの誰かもわからないまま、こんなセリフを信じて、子どもたちと私の船に乗ってくれたヌハちゃん。

彼女にとっても、このときが彼女の「好き」と出会ったときなのではと思っています。

東京の事務所で一番古いスタッフはゆかりちゃん。勤続9年になりました。

ファティマ モロッコが好きすぎて、働きたくて神戸から上京。

当時32歳。地方からは採用しないと言ったのに、自費で面接に2回もやってきました。

東京には身寄りもいないし、右も左もわからないのに、住む気満々で。

彼女もそのとき自分の「好き」を貫くために一歩踏み出してきたのです。

好きを貫くとき、はたから見たら無鉄砲に見えるかもしれないけど、なんの保証も後押しもないけど、足は勝手に前に出るもの。それが「好き」を貫くの始まりの第一歩です。

強くて弱くてわがままで、人の言うことを聞かない変人な私ですが、55歳の今も「好き」を仕事にし続けて、ただいま人生楽しみ中です。

もしこの本を読んで、「ちょっと一歩踏み出してみようかな」という気持ちになってくれる方がいたら嬉しい。

自分の「好き」ときちんと向かい合ってみよう、と感じてくれたら、背中を押してあげたい。

私もこれからもまだまだチャレンジしていくつもりです。

背筋をピンと張って、美しい70代を目指して。

人生って本当に明日はわからない。

まさかこの私がテレビに出るなんて、想像もしたことなかった。

まさかこんな本を出すとは夢にも思っていなかった。

まさに「インシャーアッラー」。

神のみぞ知る、ですね。

最後に、この本を出すにあたって、私を見つけてくれた、大和書房の編集の長谷川恵子さん、この原稿を手伝って導いてくださったＭＡＲＵさんに、心から感謝いたします。

モロッコまで一緒に来てくださってありがとうございました。

大原真樹

大原真樹（おおはらまき）

1964年、東京生まれ。55歳。

アパレル会社のバイヤー、芸能人のスタイリストを経て、2006年、42歳でモロッコ雑貨のオリジナルブランド「ファティマ モロッコ」を立ち上げる。モロッコのマラケシュにアトリエをかまえ、オリジナルデザインのモロッコ雑貨を製造・輸入。2013年にはコスメライン「フルールドファティマ」も立ち上げる。

36歳で初めてモロッコの地を踏み、今では渡航回数は100回を超える。

1年の約三分の一をモロッコで過ごし、モロッコ中の新たなアイテムを探し求めている。

NHK『世界はほしいモノにあふれてる』に出演、女性の新しい働き方、仕事の作り方が大きな反響を呼んだ。

女《おんな》は好《す》きなことを仕事《しごと》にする

2020年3月25日　第1刷発行
2021年7月20日　第2刷発行

著者　大原《おおはら》真《ま》樹《き》
発行者　佐藤 靖
発行所　大《だい》和《わ》書房
東京都文京区関口1-33-4
電話：03-3203-4511

ブックデザイン　ME&MIRACO
校正　メイ
印刷　カバー／歩プロセス
本文／厚徳社
製本　ナショナル製本

©2020　Maki Ohara, Printed in Japan
ISBN978-4-479-79719-7
乱丁本・落丁本はお取替えいたします。

http://www.daiwashobo.co.jp/